图文本

细胞简史

Brief History of Cells

程 林 著
瞿子健 绘

上海交通大学 出版社
SHANGHAI JIAO TONG UNIVERSITY PRESS

内容提要

本书以漫画为主，分20章，用116个故事描写了细胞的基本知识、细胞的发现历史、细胞内部多种细胞器及其发现背后的故事，以及备受关注的肿瘤细胞、细胞治疗和基因编辑的科学原理及相关领域的重要事件。图文并茂，可读性强。

一个个小小的细胞，孕育了生命的起初，且发育、分化为数百种组织，形成了多个生命器官。它们不但掌控了生老病死，更是维护健康的新利器。本书带你发现细胞、解密细胞，探秘光怪陆离的细胞世界。

本书可供青少年学习参考，也可供对细胞感兴趣的读者阅读。

图书在版编目（CIP）数据

细胞简史：图文本 / 程林著；瞿子健绘. — 上海：
上海交通大学出版社，2023.11
ISBN 978-7-313-28427-3

Ⅰ.①细…　Ⅱ.①程…②瞿…　Ⅲ.①细胞生物学–
普及读物　Ⅳ.①Q2-49

中国国家版本馆CIP数据核字（2023）第049842号

细胞简史（图文本）
XIBAO JIANSHI (TU WEN BEN)

著　　者：程　林　　　　　　　　　　　绘　　者：瞿子健
出版发行：上海交通大学出版社　　　　　地　　址：上海市番禺路951号
邮政编码：200030　　　　　　　　　　电　　话：021-64071208
印　　制：上海景条印刷有限公司　　　　经　　销：全国新华书店
开　　本：710mm×1000mm　1/16　　　印　　张：15.5
字　　数：115千字
版　　次：2023年11月第1版　　　　　　印　　次：2023年11月第1次印刷
书　　号：ISBN 978-7-313-28427-3
定　　价：58.00元

前言
Foreword

为什么要做《细胞简史（图文本）》?

因为 2022 年 1 月出版了《细胞简史》，并且一经出版，便入选了"中国好书"，也获评了"上海市优秀科普图书"。出版社的编辑们看了觉得内容好，配的插图更好，就是文风有点太啰嗦，要是能够简洁精炼一些就更好了。

怎么样做《细胞简史（图文本）》?

我们既要让此书不过于幼稚，又不与市场上大多数生物学的科普书重复，还要将我们精心绘制的插图最优化。于是，经过和编辑几次三番的讨论，决定仍然沿着《细胞简史》的脉络，只不过，这次是以文字来配插图。

书里有什么?

本书对细胞每一个专业概念的解释，进行了简单的类比，同时挖掘这些概念的产生历史。对于当前细胞的热门话题，比如干细胞和细胞治疗，基因治疗以及肿瘤的免疫治疗也进行了介绍。此外，对植物细胞和显微镜的发展历史也进行了概述。

细胞是组成生命体的最小单元，每一个细胞、细胞器或细胞现象的发现背后，均有着独特的故事。这些大大小小的故事构成了本书的主体，既展示了细胞探索的艰辛和历史，也描绘了细胞发现的由来和价值。

限于篇幅，本书对故事做了精简，如果有感兴趣的读者，也可以再阅读参考《细胞简史》。希望本书能够让读者，尤其是青少年朋友，更关注细胞，认识细胞的力量。

目 录
Contents

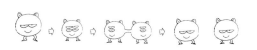

1 谁是发现细胞的第一人

大名鼎鼎的列文虎克是谁

列文虎克于 1632 年 10 月 24 日出生于荷兰代夫特市狮门街角的一栋带有斜屋顶的砖砌屋子里，和他的祖父、父母、叔叔和婶婶们同住。列文虎克的名字意思是"来自狮子的角落"。

多年之后，他改名为安东尼，并且在其中间名中加入了家族的名——范，从而成为该领域内后人所熟知的安东尼·菲利普斯·范·列文虎克。

列文虎克

荷兰，代夫特市

列文虎克的贡献是什么

列文虎克一生共制作了 500 多台显微镜，而保存至今的只有 8 台半。为什么还有半台呢？因为其他 8 台显微镜都是完整的，包括镜片和支架，而第 9 台的透镜已经丢失，空有支架。根据现代技术的测算，这 8 台可用的显微镜，最小的放大倍数为 69 倍，最大的放大倍数可达 266 倍。

早期的显微镜装置相对来说比较简单，只有一个金属托盘或支架，上面嵌有一颗玻璃珠或一个微小的透镜。利用这些显微镜，他首次观察到了水中的微小生物，从而向世人证明了另一个生物界的存在。

胡克又是谁

　　胡克于1635年7月18日生于英国怀特岛的一个小村庄，出生后一直病恹恹的，所以在年少时，他的父母便没有送他去学校学习，完全在家自学，或者说自娱自乐，他整天忙于把各种机械装置拆得七零八落，再重新组装。

　　他父亲在他13岁时因病不幸去世。之后，胡克不得不背井离乡，来到伦敦谋求生计，开始在威斯敏斯特学校的一个实验室担任伙计。在这里，他较为系统地学习了拉丁语和希腊语，并有幸认识了赫赫有名的威尔金斯和波义耳，尤其是后者，对胡克的评价极高。于是，在英国皇家学会成立之初，作为两位学会创始人看中的小伙子，胡克顺理成章地受雇于学会，成为第一任管理员。

胡克

THE ROYAL SOCIETY

英国皇家学会

胡克第一次观察到细胞

　　胡克于1665年发表《显微图谱》，第一次向世人全面地展示了一个用肉眼无法观察到的神奇微观世界。在这本书中，他开创性地把植物软木组织切割后放置在显微镜下进行观察，从而发现了一个个小室，其排列整齐有序，并且紧密相连，故将其命名为细胞，这是历史上第一次真正记载细胞的发现并将其命名。

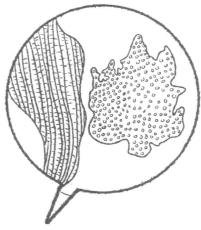

"细胞" 翻译名称的由来

　　细胞的原文是英语"cell"，意为小室。至于 cell 为何最终被翻译成现在广为人知的细胞，得归功于李善兰。李善兰 1811 年 1 月 2 日出生于浙江海宁，1858 年在上海墨海书馆，他与英国传教士亚历山大·威廉姆森和艾约瑟共同将英国植物学家约翰·林德利撰写的《植物学基础》翻译成《植物学》。该书是首部西方近代植物学的中文译本，全书分为八卷，共三万五千余字，在"书卷二"开篇首次提到"细胞"。有趣的是，有人认为李善兰原本将其翻译为"小胞"，但因其地方方言常将"小"发音为"细"，从而导致"细胞"一词取代了"小胞"，并沿用至今。

李善兰

2 细胞长什么模样

细胞有多大

如果将一个细胞放大到一粒芝麻那么大，那么这粒芝麻就应该放大到一个西瓜那么大，放大倍数为两三百倍。如果与最为常见的、直径为五六十微米的头发丝进行比较，通常细胞的直径是头发丝直径的1/5左右，即十几微米。

细胞：20 微米

芝麻：5 毫米

西瓜：20 厘米

头发：60 微米

神经元长什么样

1939 年，英国科学家艾伦·劳埃德·霍奇金和安德鲁·赫胥黎合作将两根玻璃针插到枪乌贼的神经纤维中，第一次检测到神经元在受到刺激时会产生电流信号，从而开创了神经电生理学领域。他们也因此获得 1963 年的诺贝尔生理学或医学奖，和他们一起获奖的学者，还有神经突触的发现者约翰·卡鲁·埃克尔斯。

在人的大脑中，约有 1 700 亿个细胞，其中神经元细胞有800 多亿个，约占一半，剩余部分主要为胶质细胞，包括星形胶质细胞等。

神经元的形态极其像一个小点向四周散射出多条细线，细线有长有短，短线被称为树突，最长的细线可以是其他细线长度的十几倍乃至几十倍，并且有个特殊的名字，叫轴突。

长长的轴突外面围绕着髓鞘，可以保护轴突，远远望去，像是一根长长的筷子将一根根小香肠串起来。

霍寺金

赫胥黎

埃克尔斯

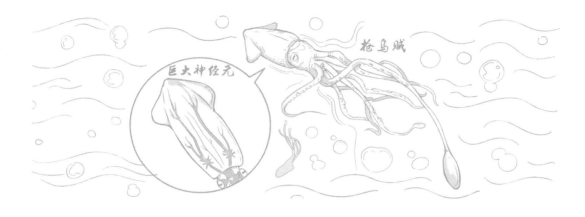
巨大神经元

枪乌贼

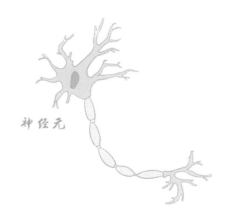
神经元

星形胶质细胞

看得见光的细胞

人的眼睛好比一台照相机，可以感知外界的光线，并形成图像，经过神经传导给大脑。光线照射到眼睛最外层的角膜，经过瞳孔和晶状体，聚焦到视网膜上。

视网膜上的感光细胞，包括视杆细胞和视锥细胞，是眼睛中可以感受光线刺激并把刺激信号投递到神经元的主要细胞。人的每只眼睛有1亿多个视杆细胞和700多万个视锥细胞。

两者的形态差异决定了它们功能上的区别，视杆细胞只能感受光线强弱的变化，却不能区分色彩的差异，因此需要视锥细胞来帮忙，如果后者发生损坏或者罢工，就会导致色弱或色盲。

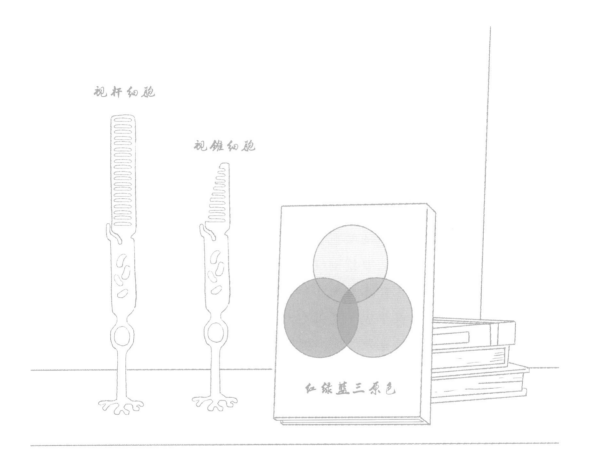

视杆细胞

视锥细胞

红绿蓝三原色

牛为什么是色盲

　　牛可是准色盲，因为牛的视网膜里缺少感受绿色的视锥细胞，所以在牛看到的世界里，无论是红色和绿色，还是黄色和橙色，都是同一种深浅不同的颜色罢了。既然这样，那举世闻名的西班牙斗牛节上，为什么要摇动红色的旗子去激怒公牛呢？说来你可能不信，选用红色并不是为了给公牛看的，纯粹是给围观的人群看的。公牛可不在乎旗子是红色还是绿色，它之所以愤怒地冲向旗子，是因为旗子晃来晃去，把它给惹怒了。

心脏与心肌细胞

人体中最为重要的两大系统，一个是神经系统，另一个便是心血管系统。作为动物体中的发动机，心脏需要全天候、全时段地工作，才能保证将血液源源不断地输送到机体的每一个器官、每一块组织，滋养每一个细胞。

而心脏的跳动，一方面受到神经系统的调控，另一方面主要来自其自身的心肌细胞。形状为纺锤形的心肌细胞天生就是一个运动健将，哪怕从心脏里分离出来，还可以在那里一刻不停地跳动，一下、两下、三下……永不停歇。

庞大的血细胞家族

心血管系统，顾名思义，是由心脏和连接心脏并遍布全身的血管组成。血管中流淌着的血液则是由血浆和血细胞组成。血细胞并不是指某一种类型的细胞，而是血液中一群细胞的总称。

其中，红细胞的形状为周边厚、中间薄，和传说中的不明飞行物（UFO）正好相反，后者是中间凸起、周边变薄。血细胞中其他类型的细胞基本都是无色或者白色的。

部分喜欢待在淋巴结或在淋巴管中穿梭的白细胞个头又圆又小，几乎是体内最小的细胞，它们是淋巴细胞。剩余的白细胞也基本是不规则的圆形，个头稍微大些，但长相略属歪瓜裂枣型，看起来像长了满脸的雀斑，也像脸上粘了很多芝麻粒，因此又被称为粒细胞。

脂肪细胞长什么样

对于胖子来说，最烦恼的便是一身甩也甩不掉的脂肪。这些脂肪主要储存在脂肪细胞里。由于被塞进了太多的脂肪，脂肪细胞看起来就像一个空空的气泡，只是这个气泡看起来不是那么的圆，有些扭曲，像极了你站在哈哈镜前面，看到里面的你被膨胀到不可思议的程度。

气泡大多数是棕色的，有的也呈现出褐色，根据颜色的不同，它们分别被命名为棕色脂肪细胞和褐色脂肪细胞。如果一不小心用针戳一下这个泡泡，脂肪细胞便像泄了气的皮球，逐渐瘪了下去，流出一肚子的油脂漂浮在水面上，和肉汤上面漂浮的油滴一模一样。

长了"绒毛"的细胞

　　有些人胖，有些人瘦，最常见的原因是饮食摄入的多少或代谢能力的强弱，那么摄入的食物都是在哪里被什么细胞所吸收的呢？这得归功于肠道里的肠绒毛上皮细胞。上皮细胞呈柱状，相互之间排列得极其紧密，形成一层致密膜状结构。在这层膜朝外的一面，每一个细胞又长出了绒毛一般的细长凸起，密密麻麻。

　　如果不细看的话，就好像长城的城墙，一块凸起，一块凹陷，此起彼伏，绵延不绝。它们的主要作用在于通过绒毛来增加表面积，当经过胃消化后的食物流经肠道时，可以最大限度地与食物接触，尽可能地吸收食物中的营养成分，为我们的机体所利用；不能吸收的部分，则以粪便的形式被排出体外。

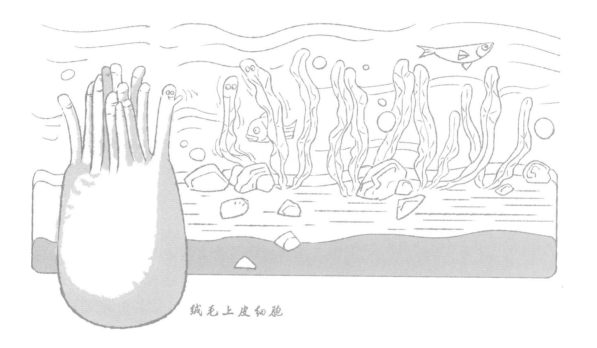

绒毛上皮细胞

3 细胞的"肚子"里都有什么

不起眼的细胞膜

如同人有皮肤、树有树皮，每一种生物都有自己的保护层，阻挡外界对其内部的伤害，细胞膜就是为了保护细胞而存在的。在电子显微镜下，科学家发现这层薄膜是由双层磷脂分子构成的，像我们平时用的塑料袋。为了得到这个结论，科学家研究了二三十年。1895年，查尔斯·欧内斯特·欧文顿通过上万次的不断尝试，发现不同的化学物质穿过细胞膜的能力是不同的，可溶于脂质的物质穿透能力最强，并据此提出细胞膜可能是由脂质组成的初步结论。

1924年，荷兰科学家埃弗特·戈特和弗朗索瓦·格伦德尔通过计算不同动物和人来源的红细胞表面积和铺展开的脂质面积，得出细胞膜是由双层脂分子构成的结论。

除此以外，在由脂质形成的不平静的汪洋大海中，还存在众多蛋白质构成的"岛屿"或"小舟"，一眼望去，星罗棋布，大大小小，形状各异。

细胞膜

千变万化的细胞骨架

穿过细胞膜，来到细胞内，映入眼帘的是一个大千世界，虽五花八门，却又井井有条，任何一个人类世界都无法比拟。网上流传着一张重庆的立交桥照片，在最复杂的地方，可能同时有十几条不同的车道。如果将细胞内的微观交通放大到宏观世界里，应该有不少于上千层乃至上万条车道，那才令人眼花缭乱呢。传统立交桥与它相比，真是小巫见大巫，细胞内的复杂程度可想而知。

细胞内网格除了为细胞质内的其他元件提供交通要道，同时还要承担支架的作用，防止细胞塌陷，既像国家体育场"鸟巢"的钢筋骨架，又像我们人体的骨骼，因此，我们给它们起了一个形象的名字——细胞骨架。

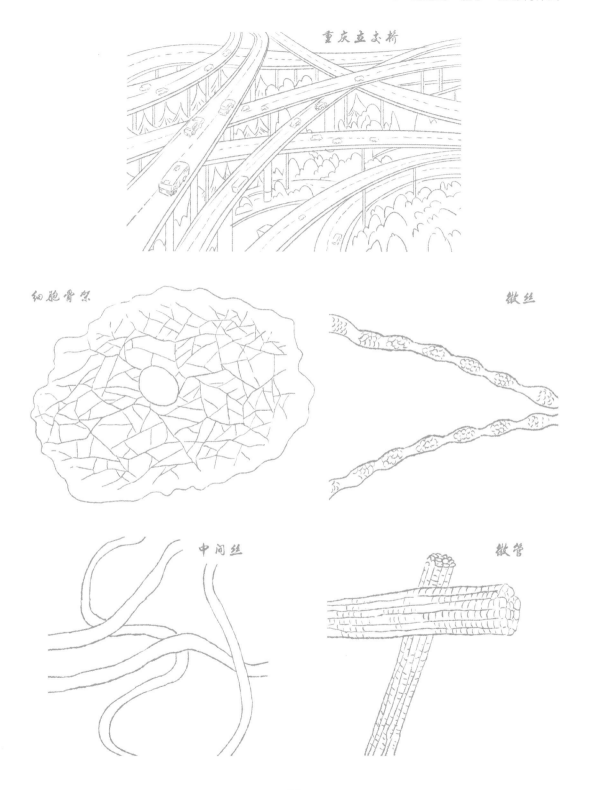

重庆立交桥

细胞骨架

微丝

中间丝

微管

内质网的形态和功能

1944 年，波特和他的师兄以及电子显微镜工程师一起，首次利用电子显微镜对干燥后的细胞进行了观察，发现了一种新的网状结构，并将其命名为内质网。它是由膜组成的扁平且多层的网状结构，而且有的网状表面附着很多凸起的小颗粒，像极了吃火锅时点的牛百叶。根据小颗粒的存在与否，这些网状结构被分别命名为糙面内质网和光面内质网。

在这台复合机器的运转之下，组成蛋白质的氨基酸和组成脂肪的脂类分子分别被两种不同的内质网有规律地拼接起来，从而形成各种各样的蛋白质和脂肪，以供细胞和机体使用。

波特

内质网

高尔基与高尔基体

内质网生产出来的蛋白质产品还不能直接出厂，需要进一步打磨和贴标签，这样才能形成一个合格的产品，分发到不同的地方，而完成以上工作主要依靠高尔基体。1897 年，高尔基对脊神经节进行黑色反应后的染色观察，看到了一种细胞内的网格结构，并将其命名为"内部网状细胞器"。

这个结构是不是独立的细胞器以及是否有功能，一直无法定论，争吵持续近半个世纪，直至电子显微镜出现，人们才最终确认这个细胞器，并将它命名为高尔基体。意大利于 20 世纪 90 年代还推出了印有高尔基头像和黑色反应后神经元图片的邮票，以纪念这位医学科学家。

高尔基

高尔基体

细胞内的清道夫

任何机器和操作总有出错的时候，即便这种出错的概率在细胞内是极低的，但万一出错，生产出了不合格的蛋白质怎么办呢？别急，这就轮到溶酶体上场了。它就像细胞内的垃圾桶，而且是一个具有降解和分类功能的现代化智能垃圾桶。

溶酶体的发现是迪夫、克劳德和帕拉德三人密切合作的结果，并于 1955 年得以确认，三人因此共同分享了 1974 年的诺贝尔生理学或医学奖。

细胞的能量工厂

    无论是机体的活动、细胞的活动，还是上述各种细胞器的运转，都需要能量的驱动，如同使用电器需要电，汽车行驶需要汽油，离开了能量，一切运动都只能趋于静止。线粒体也是细胞质内具有双层膜结构的特殊机器，它的属性是细胞的发电机和生命的能源工厂。

    其中，瓦尔堡发现了线粒体中参与氧化还原反应的多种酶，从而解析了食物中储存的能量如何在线粒体上被转变成电子和氢离子并释放出来，由此获得了 1931 年的诺贝尔生理学或医学奖。

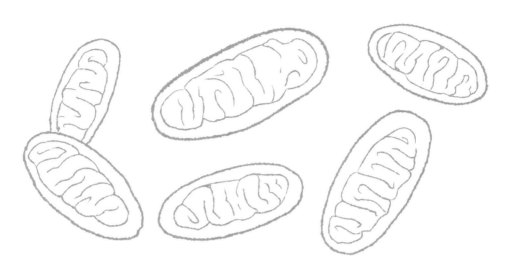

线粒体

瓦尔堡

　　美国人保罗·波耶尔根据化学实验结果提出了细胞内水流发电的假说，后由英国人约翰·沃克解析了小马达具体由哪些零部件组成，从而验证了该假说，两人由此共同获得了 1997 年的诺贝尔化学奖。

分子马达

波耶尔

沃克

细胞的核心结构

对于一个小小的细胞来说，一个重要的使命就是保存遗传物质。为了更好地保护这些遗传物质，它们被安放在细胞最中心的位置，而且外围又包裹了一层膜，作为细胞的核心，这一结构被称为细胞核。如今，我们都知道遗传物质主要是脱氧核糖核酸（DNA），如果把每一个细胞内的DNA拉长的话，可达2米之长，那么它们是如何被塞进直径小于6微米的细胞核内的呢？这要归功于大自然的神奇奥妙，DNA将空间几何学应用到了极致，先围绕几个小的蛋白质形成的聚合体进行缠绕，好似在一颗颗珍珠上绕线圈，形成一串串念珠状结构，紧接着，再将这些念珠进行两次不同的折叠，分别形成纤维和丝状，最后，再相互叠加这些丝状结构，形成名为染色质的高级结构。

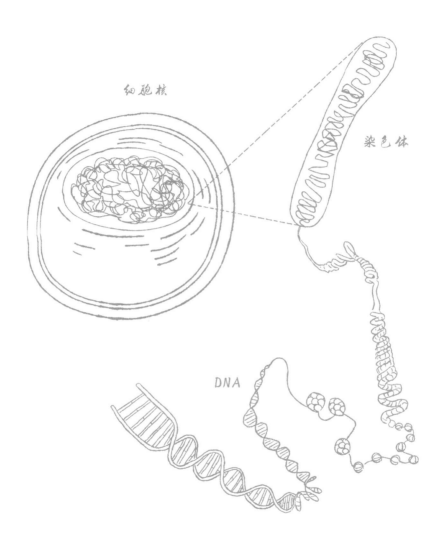

细胞核

染色体

DNA

　　由于细胞核内的 DNA 不能直接参与到细胞质的活动当中，而穿梭于两者之间的核糖核酸（RNA）起到了类似邮递员的作用，因此，这类 RNA 也被称为"信使 RNA"。这个发现是在半个世纪之前，如果在现在被发现的话，恐怕这类 RNA 会被称为"快递小哥"。

细胞如何由少变多

大家经常听到的一个词就是细胞分裂，一个细胞变成两个细胞，这是怎么回事呢？细胞分裂涉及两个非常专业的概念：有丝分裂和减数分裂。有丝分裂形成两个完整且一模一样的细胞，这一过程的反复循环能使细胞数目增加，也叫细胞增殖。

每一轮循环的时间通常从几小时到几十小时不等，也由此决定了细胞生长速度的快慢。减数分裂时染色质在细胞分裂的前期并没有发生自我复制，因此，在分裂时，染色体是减半分配到后代的两个细胞中，从而每个子代细胞中的染色质数目只有原来细胞的一半，减数一词由此而来。

有丝分裂　　　　　　　　减数分裂

4 细胞之间是怎样交流的

爱吹泡泡的细胞

为了和远处的细胞进行交流，细胞会用吐泡泡的方式，将要传递的信息包裹在细胞膜内，形成一个封闭的泡泡，然后任其飘向远方，颇像小时候大家都爱玩的吹泡泡，泡泡有大有小，随着微风吹过，有的泡泡可以飘到很高、很远的地方。一旦到了新的地方，这些泡泡便会破裂或者与其他细胞的细胞膜融合，然后释放出包裹在里面的重要信息。

在一次完美的长距离信息传递过程中，为了节省资源，一个泡泡里包含的信息往往不止一条，可能有几条、几十条，甚至上百条。为了区别于其他的沟通方式，1985 年，加拿大的罗斯·马梅卢克·约翰斯顿将这些泡泡正式命名为外泌体。这便是爱吹泡泡的调皮细胞，而且几乎每一个细胞都是吹泡泡的高手。

约翰斯顿

外泌体

无创 DNA 产前检测之父

　　除此以外，细胞直接分泌的物质中还有一类也很皮实，那就是 DNA。针对这些 DNA 的研究开创了无创 DNA 产前检测时代，让全球数以万计的孕妇受益。推开这扇时代大门的人是中国学者卢煜明，他也因此被称为"无创 DNA 产前检测之父"。至于他是如何发明这项技术的，则是源自一次聚餐、一碗泡面和一场电影的灵感。

肠胃也会"思考"吗

细胞间的交流，还有一个大家经常感受到但是尚不了解的实例，便是我们的肠道细胞和大脑细胞之间的交流。当我们非常焦虑时，常常会感到肠胃不舒服；当我们感到肠道不适时，又会反过来影响我们的思考。

越来越多的证据表明，这是两者之间通过细胞的分泌物，经过长长的体液循环相互影响的结果，英文中非常形象地用"肠胃感觉"（gut feeling）来表达"直觉"。

脑胃感觉

细胞如何退出舞台

任何生物都具有生命周期，细胞也不例外。在完成它的使命之后，很多细胞会主动退出舞台，为后面新生的细胞提供上台表演的机会。它们退出的方式多种多样，有坏死、凋亡、自噬等。

如果说人有夕阳红，对于细胞来说似乎也是夕阳无限精彩。很多情况下，逝去的细胞不仅仅是消失，更像"落红不是无情物，化作春泥更护花"，它们表现出浓浓的情怀，滋养着周边的细胞，为它们提供营养。

其中细胞凋亡（即程序性死亡）的发现主要归功于约翰·福克斯顿·罗斯·科尔。著名学者王晓东教授也在这个领域做出了卓越的贡献，为控制细胞的生死存亡找到了一把把关键的钥匙。

科尔

细胞凋亡

王晓东

细胞的自噬

　　早在 20 世纪 90 年代，溶酶体的发现者迪夫就发现了细胞的自我吞噬现象，并将其命名为细胞自噬，但当时并没有引起太多研究者的关注，直至一位悠闲一生的日本学者大隅良典的出现，才在不经意间将自噬从冷门推向热门。

　　凭借简易的仪器和为数不多的几位研究生的共同努力，他发现了控制酵母中空泡产生的关键基因，并在此后陆陆续续发现了几十个相关基因和这些基因的功能，从而将长期以来关于自噬现象的粗浅观察推向了更深层次，这也让他在 71 岁那年荣获诺贝尔生理学或医学奖。

5　如何把细胞"养大成人"

在哪里培养细胞

　　为了培养细胞，我们需要建一个非常洁净的房间，将空气中的细菌降低到不危险的程度。首先，需要对进入这个房间的空气进行极其高效的过滤；其次，为了进一步提高洁净度，降低细菌颗粒数，还要增加对于细菌来说犹如天敌的紫外线。

　　进入房间的操作人员需要穿戴一次性帽子、一次性口罩、一次性手套、反穿衣以及鞋套等，一方面是为了自我保护，防止有毒试剂或病毒等污染或入侵自身，另一方面也是为了防止细胞被污染。

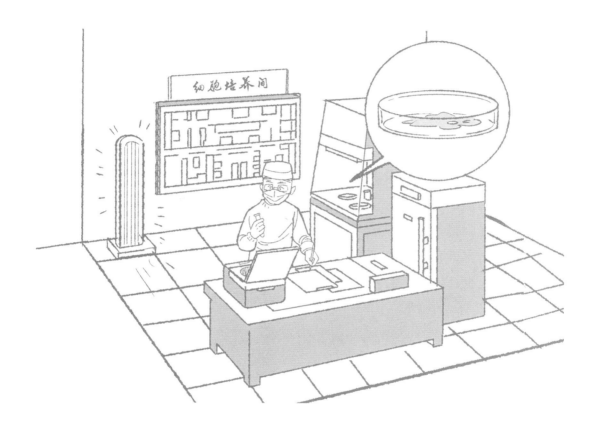

第一株有争议的"永生"细胞

1912 年，卡雷尔从鸡胚胎的心脏组织中分离得到一种可以持续地培养和传代下去的细胞，总共被连续且不间断地培养了34年，直至他去世后两年。

有人将其称为第一个细胞系，但是饱受争议。尽管如此，为了纪念首株似乎"永生"的细胞，纽约世界电信公司曾在每年的新年庆祝日活动上打电话给卡雷尔，让他看看这株细胞。

卡雷尔

细胞悬浮和贴壁的快乐

在细胞培养领域，有一个看似简单却十分重要的操作，甚至可以说是革命性的一步，便是胰酶的使用，首次使用者是洛克菲勒研究所的佩顿·鲁斯和琼斯。

1916 年，两人通过实验发现，去除细胞中的培养液，加入浓度为 3% 的胰酶，可以迅速地将细胞团块打散，那些贴在培养瓶底部的细胞在胰酶的作用下很快会变圆并悬浮起来，成为一个个类似血细胞培养时的单个悬浮细胞。

他们使用无菌的离心管，收集这些含有悬浮细胞的消化液，通过离心去除消化液，再次更换为含有血浆的培养液之后，这些悬浮的细胞又可以重现贴到培养皿上快乐地生长。而且，反复的悬浮处理和再贴壁也不会影响细胞的生长。

鲁斯

胰酶干粉

胰酶干粉

无限传代的肺细胞 WI-38

伦纳德·海弗利克发现正常细胞的寿命也是有极限的，如同人类一样会衰老，并不可以无限生长和传代。1974 年，他的这一发现被正式命名为海弗利克极限。

但是在意外情况下，有些细胞却能超越这个极限，真正地变成一个永生的细胞。在培养细胞时，海弗利克意外地获得了一株可以无限传代的肺细胞，并将其命名为 WI-38。

海弗利克

WI-38

第一株真正的永生细胞 L929

　　第一个真正意义上获得的永生细胞，是由凯瑟琳·桑福德、威尔顿·厄尔和格温多林·莱科里等人于 1948 年 8 月 16 日从 100 天大的小鼠皮下脂肪和间隙组织里提取和培养的细胞 L929。

　　这些可以被永远培养下去的细胞如同人的家族谱系一般，世世代代延绵不绝，因此有一个共同的名称，叫细胞系。

VERO 细胞系与疫苗

　　细胞系的建立为大规模细胞培养铺平了道路，并被广泛应用于疫苗生产和抗体生产等场景中，现代生物科技企业也是基于这个技术才开始崭露头角。工业化使用的代表性细胞系有 VERO 细胞，其全称是非洲绿猴肾细胞，最早由日本千叶大学亚苏穆拉和川田于 1962 年从非洲绿猴的肾脏中分离并培养获得。

　　VERO 是世界语绿色肾脏的缩写，同时也有真相的意思。

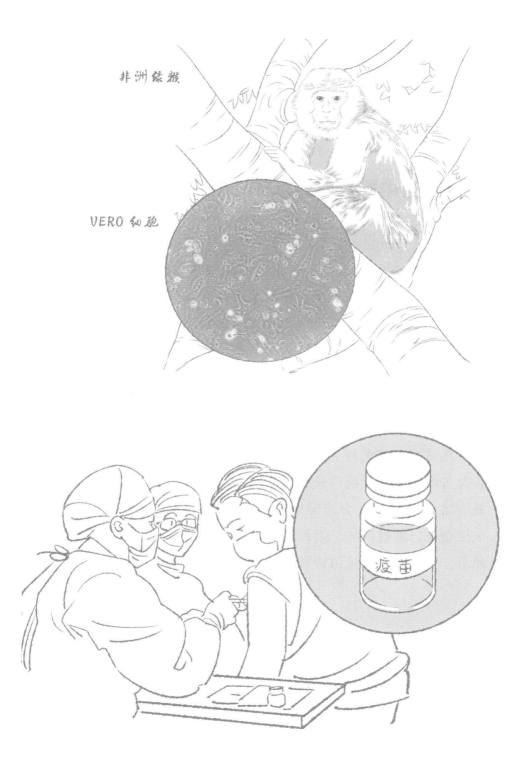

非洲绿猴

VERO 细胞

疫苗

来自中国仓鼠的永生细胞 CHO

　　CHO 细胞的全称是中国仓鼠卵巢细胞，最早于 1957 年，由美国科罗拉多大学西奥多·帕克从中国仓鼠的卵巢中分离并建立细胞系。由于该细胞皮实、不易死亡、生长迅速，既可以贴壁培养，又可以悬浮培养，因此，从其诞生之日起就受到工业界的青睐。

　　为什么这一细胞系的名字里有"中国"呢？ 1919 年，北京协和医学院的胡正祥教授正在研究肺炎球菌，由于条件限制，没有小白鼠，只能利用当时在中国北方到处乱窜的仓鼠开展实验，结果发现这是很好的研究工具鼠，不亚于小白鼠。从此，中国仓鼠成为当时国内流行病学研究的得力小鼠。1948 年，南京解放前夕，美国洛克菲勒基金会国际医疗部的罗伯特·沃森医生带着 20 只中国仓鼠，躲过战区，来到上海，带着这些小鼠乘飞机回到美国。此后，中国仓鼠在美国繁育成功，成为科学界的早期工具鼠之一。

帕克

CHO 细胞

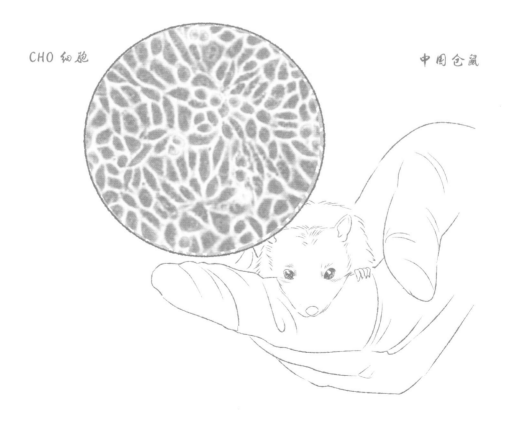

中国仓鼠

6 躲藏在血液里的细胞大军

红细胞与白细胞

　　血液之所以呈现出鲜红的颜色，主要归因于红细胞。除此以外，血液中还有很多其他类型的细胞，其中就包括大名鼎鼎的免疫细胞。免疫细胞的组成成员众多，有 T 淋巴细胞、B 淋巴细胞、自然杀伤细胞、嗜酸性粒细胞、嗜碱性粒细胞、中性粒细胞、巨噬细胞和单核细胞等。如果把免疫细胞都放在一起的话，呈现的颜色就是白色，所以，免疫细胞也俗称为白细胞。

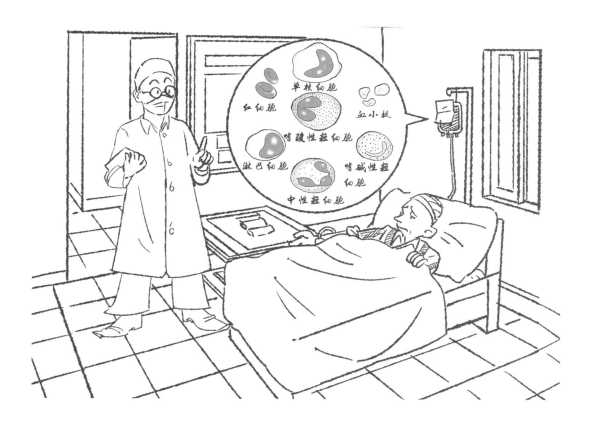

白血病的发现和命名

白血病的产生往往是这些白色的免疫细胞发生了病变，很少发生在红细胞里，因此才有了白血病这一名称。1845 年，法国内科医生阿尔弗雷德·弗朗索瓦·多恩在治疗白血病患者时，首次利用显微镜对血液中的脓液进行了观察，发现血液中白色的细胞明显变多，便分析可能的原因是这些细胞的分化被阻滞了。

鲁道夫·路德维希·卡尔·维尔肖则将这些疾病命名为白血病，这一名称被广泛接受，沿用至今。此外，多恩利用显微镜对临床样本进行深入且细致的观察和研究，并取得了多个突破性的结果，包括在 1836 年首次观察到了阴道毛滴虫，1842 年首次观察到血小板，当时他还错误地将血小板认作脂肪滴。在利用显微镜对母乳和奶制品等进行深入的观察后，他还成功建立了儿童哺育和营养学。

多恩

维尔肖

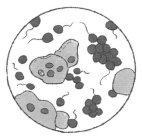
阴道毛滴虫

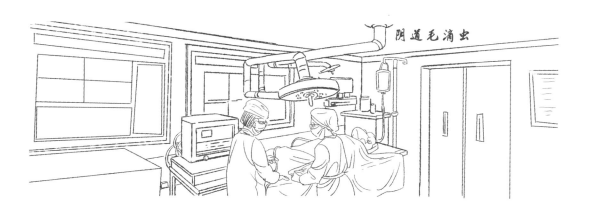
阴道毛滴虫

是谁发现了红细胞

红细胞的红体现在它含有可以在更微观层面结合和运输氧分子的血红蛋白，血红蛋白在铁的存在下会更稳定并忠实地践行其责任，从而保证氧气可以运往全身，服务于各个组织中的细胞。

1658 年，简·雅茨·施旺麦单成为第一位观察到红细胞并描绘出该细胞形态的人，他的种种观察和记录，成就了他的两本非凡著作——《自然圣经》和《昆虫通史》。

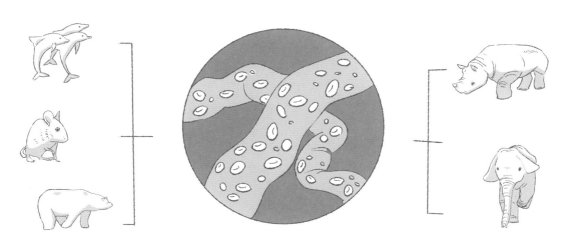

施旺麦单

《昆虫通史》

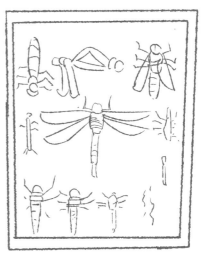

为什么会贫血

一旦红细胞的功能失常，运输氧气的能力就会下降，从而导致贫血。有一类先天性的贫血，病因主要在于编码血红蛋白的遗传物质中有一个密码子发生了改变，从而导致翻天覆地的变化。

密码子改变后，红细胞立马"性情大变"，拒绝提供运输氧气的服务，从而引发严重贫血，甚至危及生命，这就是镰状细胞贫血。为什么叫镰状细胞呢？因为红细胞从一个正常的圆形扭曲为农民伯伯手中用来收割庄稼的镰刀形状，镰状细胞贫血因此得名。镰状细胞贫血的发现者是赫利克和他的学生艾恩斯。

可怕的放血疗法

虽然人们对血液的重要性已经有了深刻的认识，但是无论是希波克拉底时代，还是哈维时代，甚至直到 19 世纪，基于血液的治疗始终只有一种，那就是放血疗法。虽然放血疗法最终被认为是无用的，但仍然无法阻止人们对它的狂热。

美国首任总统乔治·华盛顿只是因为急性细菌感染引发喉咙疼痛，就被医生实行放血疗法，结果导致死亡。尤其是在 19 世纪，为了弥补直接割开静脉放血的不足，人们采用水蛭吸血来达到放血的目的，这种疗法盛极一时。在我国传统医学中也有放血疗法一说，文字记载可见于《黄帝内经》等著作。

放血疗法

输血技术的探索之路

1666 年，在一个阳光明媚的日子，几位赫赫有名的人群聚一堂，他们是牛津实验生理学俱乐部的波义耳、托马斯·威利斯、克里斯托弗·雷恩和胡克等人。在牛津大学默顿学院里，雷恩向大家演示了如何将液体输入动物静脉并遍布全身的实验。

同年 11 月 14 日晚上，在格雷沙姆学院，理查德·洛尔向大家演示了首例动物输血实验。他先将一只狗的静脉切开放血，等到狗血流殆尽，奄奄一息时，再将另一只狗的血直接输注到这只濒临死亡的狗的血管中，这只狗又恢复了生机且活蹦乱跳。这便是继放血疗法之后的输血疗法。

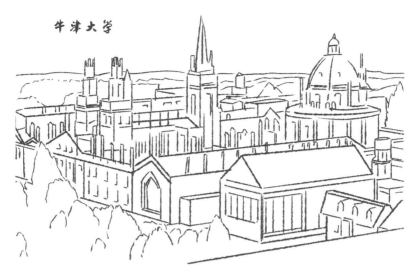

牛津大学

洛尔

第一例成功的人体输血

19世纪初，英国盖伊和圣托马斯医院的妇产科医生詹姆斯·布伦德尔在为产妇接生时，常常会遇到产妇因产后大出血而死亡的情况。因此，他认为如果给患者输血，理论上可以拯救她们的生命。为此，他先用狗做了一系列输血实验，发现无论是静脉血还是动脉血输注，都是行之有效的，狗血输给狗也是可行的，但是人血输给狗是不行的。因此，他提出假设，只有人血输给人才行之有效，而动物血则无法输注给人。

1818年，他首次报道成功地将一名男性的血液输注给另一名男性。此后，为了提高输注效率和成功率，他又发明了带有两个方向旋塞的输血装置，并成功地将其他人的血液输注给产后大出血的产妇，在一定程度上降低了产妇死亡的概率，即便很多时候还是以失败告终。

布伦德尔

ABO 血型的发现

1901 年，卡尔·兰德斯坦通过将 22 个人来源的红细胞和血清进行交叉混合，发现有些人的血清可以引起其他人的红细胞凝结，有些却不会，主要原因可能在于免疫学的差异。据此，他将血液分成三组，分别为 A、B 和 C。他也因此项发现荣获 1930 年的诺贝尔生理学或医学奖。

第二年，他的两个学生扩大了试验人员的样本量，增加到了 155 人，不但进一步证实了兰德斯坦之前的三组分类，还发现了占比较小的第四类，即 AB 组。据此，1937 年，国际血液输血协会会议讨论并决定采用 ABO 命名血液分型，并沿用至今。

兰德斯坦

7 血细胞家族的老祖宗

血细胞家族的"族谱"

　　如果说造血干细胞是太祖母，祖母便是造血祖细胞，父母辈是各种类型的祖细胞，接下来是儿女辈的免疫细胞和红细胞，这些细胞如果还有后代的话，就是孙辈了，孙辈是功能非常特异或单一的细胞，如浆细胞。

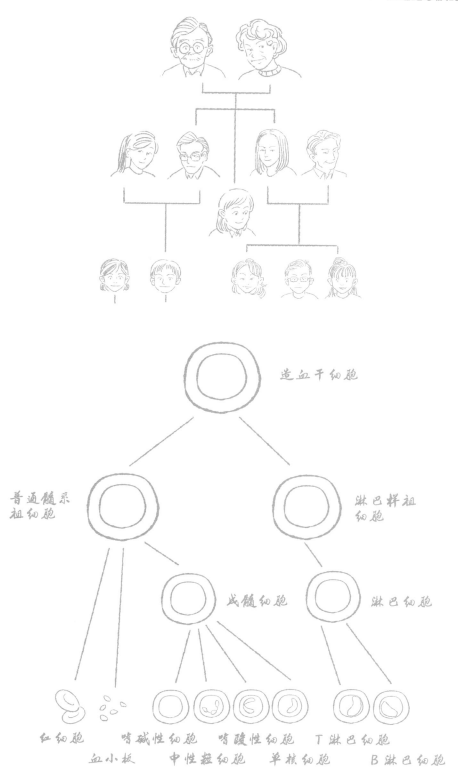

造血干细胞

普通髓系
祖细胞

淋巴样祖
细胞

成髓细胞

淋巴细胞

红细胞　　　嗜碱性细胞　　　嗜酸性细胞　　　T 淋巴细胞

血小板　　　中性粒细胞　　　单核细胞　　　B 淋巴细胞

深居简出的造血干细胞

开枝散叶后的血细胞会顺着血管或者淋巴管到全身各地旅游，并在不同的器官中安营扎寨，那么作为老祖宗的造血干细胞在体内哪里安家呢？总的来说，造血干细胞一生会搬两次家，一个是老宅，一个是新家。

老宅是它在胚胎期，也就是个体还在母亲体内时待的地方——肝脏。随着出生后的成长发育，肝脏的功能主要变为排毒，为此，造血干细胞不得不背井离乡，拖家带口地来到骨髓安家，并在那里度过一生。

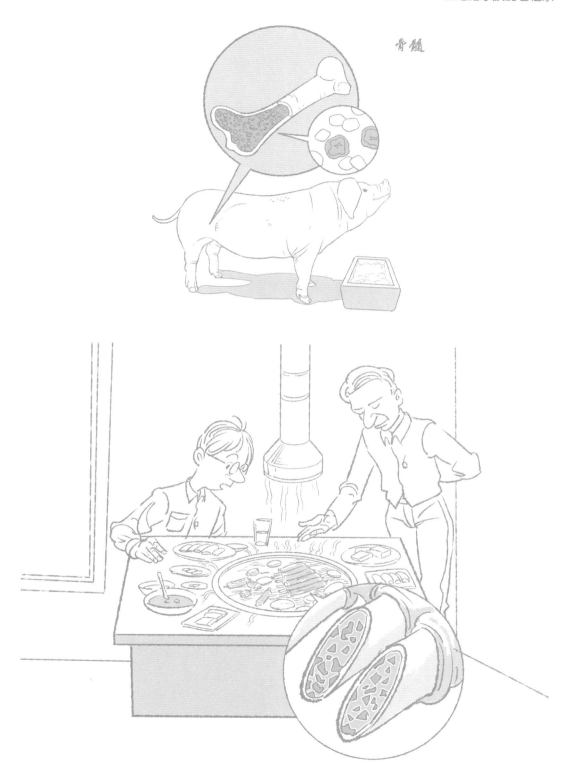

骨髓

造血干细胞与骨髓移植

正是因为骨髓里聚集了如此众多的造血干细胞，而造血干细胞又可以繁衍出功能各异、本领高强的血细胞，因此，一旦有人因生病治疗而缺乏该家族的细胞时，大家便会想到搬出太祖母来坐镇。然而造血干细胞作为老人家，通常行动不便，为了请她出山，常常需要倾巢出动，前前后后的队伍好不壮观，少则几百万个细胞，多则几千万个，这样的情形我们称为骨髓移植。

移植之后，造血干细胞到了新家，总是需要根据个人喜好和情况重新布置一番，然后便开始积极活动起来，一变二，二变四，四变八，重新建立自己的家族和部落，同时服务于新的个体，维持生命延续的同时也在保障自我的存活，大家互惠互利，和睦相处。这项技术的成功归功于美国的爱德华·唐纳尔·托马斯和他的朋友约瑟夫·默里，他们也因此荣获 1990 年诺贝尔生理学或医学奖。

托马斯

默里

骨髓移植

骨髓库的意义与骨髓捐献

　　鉴于骨髓移植的重要应用价值以及骨髓的重要作用，国际上成立了骨髓库，我国也顺应国际科学发展，在政府的指导下，成立了中国造血干细胞捐献者资料库（简称"中华骨髓库"）。

　　目前，动员造血干细胞从骨髓进入外周血，再进行富集的办法已经成为主流的手段，因此，捐献骨髓已经和献血一样简便。

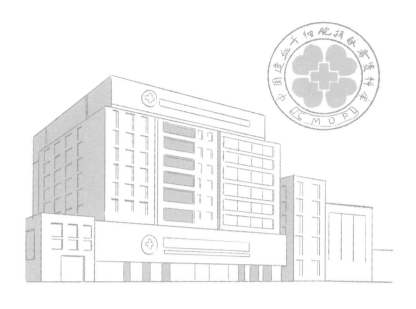

脐带里的造血干细胞

除了骨髓之外，早年常常被丢弃的脐带血中也含有较丰富的造血干细胞。正常的一根脐带中大约有 100 毫升血液，相当于两个鸡蛋的含量。

那么这么多的脐带血里有多少血细胞，又有多少造血干细胞呢？据统计，有一亿多个血细胞，一百万个造血干细胞，后者占前者的比例约为百分之一。鉴于脐带血的巨大价值，我们也建立了脐带血库，类似血库和骨髓库。

人类的繁衍生生不息，每年有数千万的婴儿诞生，每一个婴儿都有一根脐带，因此，脐带血的收集会无穷无尽。

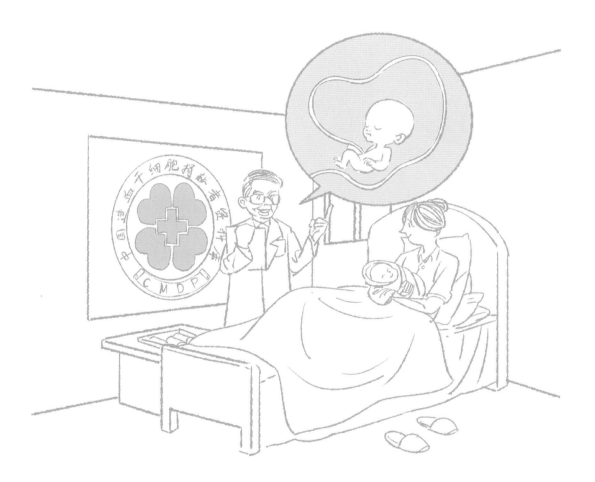

8 干细胞到底有多少种

什么是干细胞

干细胞到底是什么细胞？根据字面意思，外行的人以为是什么都能干的细胞。然而，这是完全错误的理解。其中，"干"的意思来自树干的"干"，如同参天大树在树干的基础上才能枝繁叶茂，干细胞中的"干"也是如此，很多类型的细胞均由干细胞繁衍而来。

从这个意义上说，"干"如同母亲的"母"或祖宗的"祖"，因此，干细胞有时也被称为"母细胞"或"祖细胞"。

干细胞

神经干细胞的分离和培养

    1989—2002 年，莎莉·坦普尔、布伦特·雷诺兹、乔纳森·弗拉克斯和弗雷德·盖奇等人，先后从胚胎小鼠、成年小鼠、人的胚胎和成年人的大脑中分离获得神经干细胞，并培养成功。神经干细胞能够分化为神经元、星形胶质细胞和少突胶质细胞。

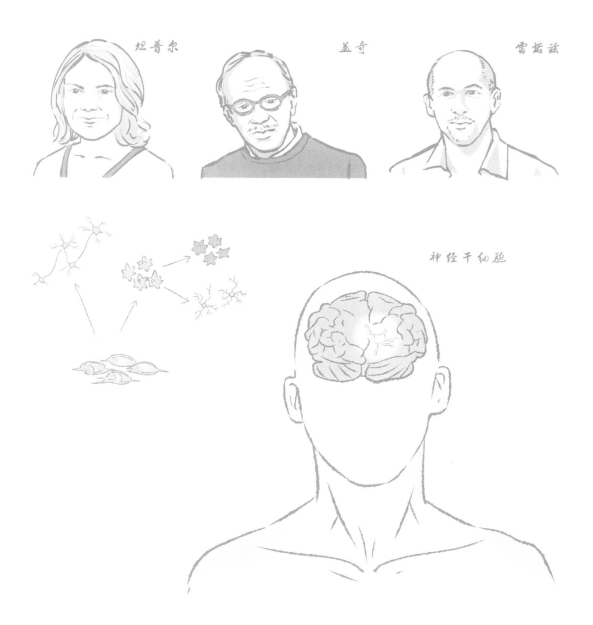

坦普尔

盖寸

雷诺兹

神经干细胞

神经干细胞与脊髓损伤

　　脊髓损伤是一种比较常见的神经系统疾病，常常由于外力原因导致位于脊柱内的神经纤维受到压迫而断裂，从而导致瘫痪。如我国体操运动员桑兰和美国"超人"的扮演者、著名影星克里斯托弗·里夫，他们分别因为训练意外和骑马事故导致截瘫，不得不终身坐在轮椅上。

　　如果有机会能够在受伤后的短时间内将神经干细胞移植到损伤部位，同时辅助其他凝胶材料或支架材料，防止细胞在移植部位随着脊髓液流失，他们都有可能摆脱轮椅，并再一次站立起来继续行走。

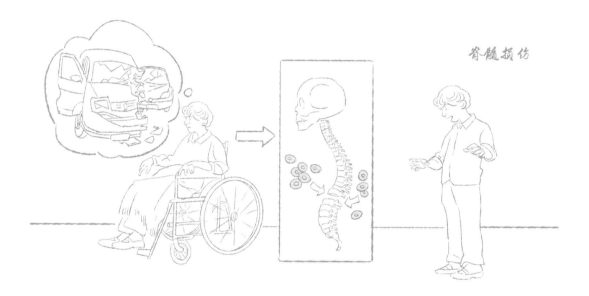

脊髓损伤

神经干细胞与帕金森病

帕金森病是一种常见于老年人的神经退行性疾病。随着年龄的增加，神经细胞的功能退化或发生病变，导致其中一种名为多巴胺能神经元的细胞功能丢失或死亡，分泌的多巴胺减少，老年人就会表现出不自主的手足肌肉僵硬或颤抖。有些人拿着勺子吃饭，手一直抖个不停，很难把食物送到嘴里。

为了治疗该疾病，需要在体外对神经干细胞稍微做些处理，让它略微分化，直接变成多巴胺能神经元或其祖细胞，然后再将这些细胞注射到病变的部位，理论上可以起到治疗这类疾病的效果。

帕金森病

间充质干细胞的发现

　　1991 年，美国人阿诺德·卡普兰首次将 3 年前其他研究员从骨髓中分离得到的一群干细胞命名为间充质干细胞，并证明了这类细胞具有分化为软骨、骨骼和脂肪的能力。

　　间充质干细胞具有免疫调节功能，通过分泌多种因子抑制炎症反应，促进伤口愈合，并抑制细胞死亡；也可以对间充干细胞进行更为细致的分类，针对不同的疾病采用不同亚型的细胞进行治疗。

卡普兰

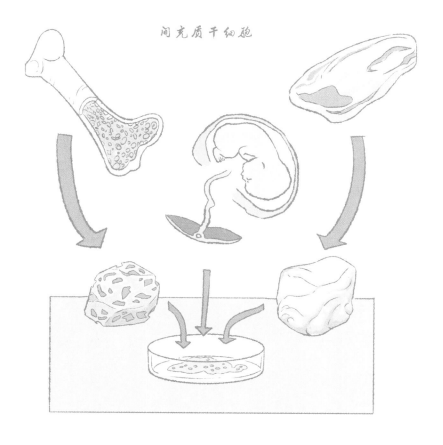

间充质干细胞

神奇的人工耳朵

1997 年，我国学者曹谊林从牛体内分离得到软骨细胞，并在体外培养出足够量的软骨细胞，将其与可降解材料做成的人耳朵形状的支架共同孵育，待软骨细胞爬满支架并且钻进了支架里面后，他将这个含有软骨细胞的耳朵形支架移植到了无毛小鼠的皮下，从而获得了一个长在鼠背上的人工耳朵，远远地看上去，就像动画片《黑猫警长》中的大反派，名为一只耳的耗子，极其震撼。

利用这项技术，他和他的团队成功地对那些外耳郭缺陷的儿童实施了人造耳朵的移植，不仅为患者的生活带来了极大的便利，更是将干细胞的应用向前推动了一大步。

曹谊林

9 细胞家族的祖先是谁

小鼠胚胎干细胞的获得和价值

1981 年，英国学者马丁·埃文斯和曾在其实验室做过博士后的美国学者格尔·马丁先后独立报道在小鼠体内提取出胚胎干细胞并培养成功。

埃文斯作为第一个分离得到哺乳动物胚胎干细胞的人，荣获 2007 年的诺贝尔生理学或医学奖。

埃文斯

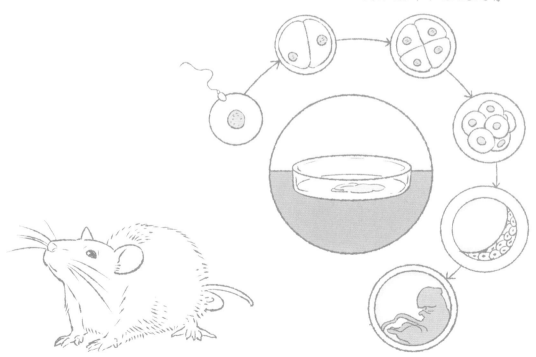

小鼠胚胎干细胞及发育

人胚胎干细胞的成功培育

在此之后，世界上的其他研究人员陆续获得了其他动物来源的胚胎干细胞，但是针对人胚胎干细胞的研究，尤其是体外培养，却一直徘徊不前。

直至 20 世纪 90 年代末，美国人詹姆斯·汤姆森经历一系列波折后才成功培育出人胚胎干细胞。

汤姆森

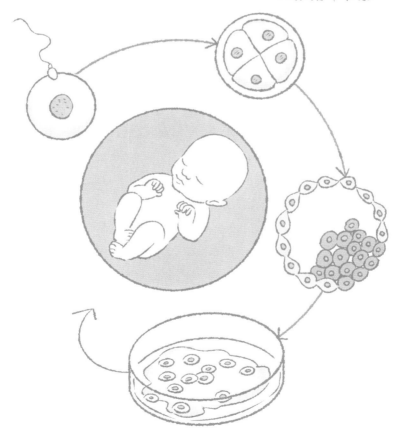

人胚胎干细胞

多姿多彩的转基因动物

　　相较于人胚胎干细胞，动物胚胎干细胞的研究和应用则顺利很多，且已产生了众多具有影响力的成果。其中，最为瞩目的贡献便是各类转基因动物。

　　科学家在小鼠胚胎干细胞中插入了一段可以产生绿色荧光蛋白的基因，小鼠出生后在紫外光的照射下可以发出绿色的光芒。而这一切都始于鲁道夫·贾尼施的无意之举，可谓"有心栽花花不发，无心插柳柳成荫"。

贾尼施

10 乘坐时光机器的细胞

横空出世的 iPS 细胞

干细胞具有如此诱人的应用前景，而胚胎干细胞的研究又受到诸多限制，人们不得不试图寻找其他的出路，否则，再生医学的大门只能在刚刚被推开一道缝隙之时，又被重重地关上。

2006 年，日本学者山中伸弥利用病毒载体将 4 个转录因子的组合转入分化的体细胞中，诱导成熟的细胞返老还童，变成完全等同于胚胎干细胞的诱导性多能干细胞（induced pluripotent stem cells），简称为 iPS 细胞。

山中伸弥

小鼠诱导性多能干细胞

iPS 细胞的应用前景无限

2017 年，山中伸弥和其研究伙伴报道了首例利用 iPS 来源的视网膜色素细胞治疗老年性黄斑变性。这种疾病主要发生在老年人身上，分为湿性和干性两种，前者主要是产生过多血管所致，其发病人数远远多于由萎缩导致的后者，并且随着病程的加剧，会诱发视网膜中色素上皮细胞不可逆的损伤，从而导致失明。

iPS 的诞生使个体化的干细胞治疗成为可能，即可以生产出属于这个患者自身的 iPS 细胞。这样做的好处很明显，可以避免免疫排斥问题，但是缺点也很显著，那就是治疗成本极高，难以推广。

人诱导性多能干细胞

京都大学 iPS 细胞研究所

"精灵细胞" 与返老还童

西班牙裔科学家胡安·卡洛斯·伊兹皮苏亚·贝尔蒙特利用遗传操作方法，获得了具有早老症的转基因小鼠，并在这种小鼠的体内精准地控制山中伸弥发现的 4 种关键因子的表达，发现这些小鼠的老龄化不但得到了遏制，而且早老的特征也出现了一定程度的逆转。

除此以外，由衰老导致的各种组织器官损伤后再生能力的下降也得到了很好的弥补。

贝尔蒙特

11 克隆源自细胞

细胞核移植与克隆青蛙

　　"克隆"一词，是一个极具科幻色彩且非常令人着迷的字眼，广为人知的动物克隆最早来自约翰·戈登爵士的细胞克隆研究。虽然他是第一位成功实现细胞核移植，并获得克隆青蛙的科学家，但是幼年时期的他一度被生物学老师认为是"差"学生。

　　他的生物学老师曾给他的父母写过一份成绩报告，对他的评价糟糕至极。这张小纸条，戈登保存至今，并安放在他日常工作的办公桌上。

戈登

中国克隆之父与文昌鱼

在 20 世纪上半叶，国外的各项科学研究可谓如火如荼，国内却正处于水深火热之中，战火纷飞，民不聊生。即便如此，在国际科学舞台上也不乏中国人的身影。

在没条件创造条件也要上的情况下，童第周以文昌鱼的细胞作为研究对象，首次在国际上实现了鱼类的核移植。作为国内克隆技术的开创者，他也因此被称为"中国克隆之父"。

童第周

文昌鱼

克隆羊"多莉"的缔造者们

在英国爱丁堡附近的罗斯林研究所，研究员伊恩·维尔穆特在戈登首次报道两栖动物克隆成功 30 年之后实现了对哺乳动物克隆的创举。于 1996 年 7 月 5 日，维尔穆特和坎贝尔合作，获得了首个哺乳动物克隆体绵羊"多莉"。

维尔穆特

坎贝尔

12 精子和卵子相遇记

牛郎织女七夕会

　　七夕节牛郎织女鹊桥相会是我国民间爱情传说之一。传说中天帝的女儿织女非常擅长织布，然而，她只知道辛勤劳作，却不会打扮自己，天帝怜悯，准许她到人间逛逛。这一逛便认识了河边的放牛郎，不久，二人便成婚了，婚后，织女一心相夫教子，荒废了织布手艺。为此惹怒天帝，王母娘娘亲自下凡来，强行把她带回天上，每年只允许她和牛郎在农历七月初七这天相见一次，而他们相见的桥就是由飞来的喜鹊用身体搭建起来的。

　　这个传说也从另一面告诉我们，对普通人来说再简单不过的爱情，也有人遥不可及。

命运多舛的体外受精技术

人类历史上挑战宗教学说的科学众若繁星，其中，细胞领域首当其冲的科学技术便是体外受精——采用人工手段，让精子和卵子在实验室的培养瓶内进行受精，再将受精卵移植到女性体内，开始正常的发育。

由于该技术主要针对那些不能通过传统生育手段获得后代的患者，因此在技术出现之初便遭到激烈的反对，其主要思想便是有违自然规律，更有甚者，将体外受精诞生的婴儿比作潘多拉的后代。由此可见人们对该技术的担心和恐惧。经过近半个世纪的实践和规范，人们已经完全接受了该技术在医学上的应用，它也为无数的家庭带来了希望和欢声笑语。

然而，体外受精的成功并非如此简单，它的实现主要归功于罗伯特·杰弗里·爱德华兹一生的努力，以及斯托普妥腹腔镜手术的支持。基于他们二人的不懈努力，1978 年 7 月 25 日，通过体外受精技术，人类史上首位试管婴儿诞生。

爱德华兹

斯托普妥

试管婴儿

腹腔镜手术

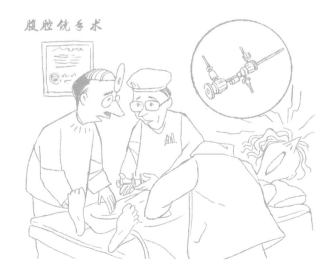

精子也能存银行

针对那些先天存在精子缺陷，或者后天产生的精子活力下降导致无法正常受精的男性，精子库能够提供第三方精子服务。因此，我们的社会依托医院成立了大大小小的精子库。

除了捐献精子，对于那些从事高危工作，比如长期接触放射性物质、有毒物质和化学试剂，或暂时无法进行生育的男性，可以事先冻存自己的精子，以备将来想要生育时使用。

"三父母"婴儿诞生记

线粒体不仅具有细胞发动机的功能，还有一个特点，就是含有遗传物质。

2019 年，来自希腊的一对夫妻非常渴望拥有自己的孩子，可是女方的卵子质量太差，导致自然受孕以及体外受精均以失败告终。最终的解决方案是，将卵子的细胞核移植到另一名女性提供的去除了细胞核的卵子中，再以这个进行了核移植后的新卵细胞与父亲的精子进行体外受精，最后将受精卵植入母亲子宫，并成功诞生了一名婴儿。

而这个婴儿的每一个细胞内既有夫妻两人的遗传物质，也有来自供卵女性细胞中的线粒体所携带的遗传物质，因此他是名副其实的有两个妈妈、一个爸爸的孩子。

13 细胞治疗的医学革命

了不起的人工合成胰岛素

　　糖尿病是一种影响全球 3 亿多人的慢性疾病，通过合理的干预和治疗，并不会有致命的风险，但严重影响患者的日常生活，已然成为一个全球公共卫生问题。糖尿病的发病机制之一在于胰腺内胰岛 β 细胞减少，从而导致胰岛素分泌减少，血糖升高，所以补充胰岛素是目前主要的治疗手段。

糖尿病

1965 年 9 月 17 日，我国在世界上首次用人工方法合成了牛胰岛素，这是我国最早、最接近诺贝尔生理学或医学奖的自然科学成果。

人工合成胰岛素

人造肝细胞和人工肝

我国是世界上乙肝病毒携带者最多的国家，而这种病毒常常导致肝硬化以及肝功能衰竭，肝移植几乎是目前终末期肝病患者唯一有效的治疗手段，但是供体来源极其有限，极大地限制了肝移植的实施，导致众多肝病患者只能面临等死的结局。

在这种强烈的需求下，人工肝应运而生，这是一种类似于呼吸机辅助呼吸的肝功能体外支持系统，可以短暂地维持患者的肝功能。然而，该装置最为重要的元件——肝细胞的来源问题，却是一个长期困扰科学家的难题。

为了解决肝细胞的来源问题，中国科学院上海生命科学研究院的惠利健研究组于2011年率先在国际上利用之前提到的诱导性多能干细胞（iPS）技术，将小鼠的皮肤细胞变成了肝细胞。在此之后，通过不断的改进和优化研究方案，他们又成功将人的皮肤细胞编码为肝细胞。

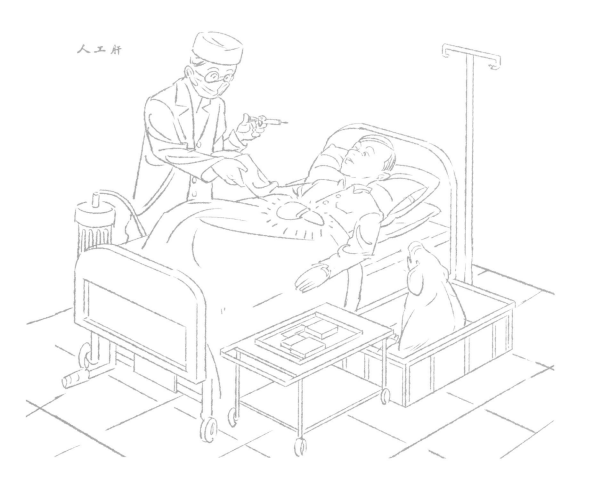

人工肝

人造皮肤的应用

2015 年 6 月，德国波鸿鲁尔大学附属儿童医院的烧伤中心迎来了一位 7 岁的特殊患儿。这名儿童罹患大疱性表皮松解症，自打出生那天起，身体各处的皮肤就会不明原因地出现大大小小的水疱，尤其是在胳膊、腿部、背部和身体两侧。

采用已有的常规治疗和护理手段根本无法缓解他的病情，更别说治愈了。在这危急时刻，主治医生经过和其家人的讨论和协商，决定采用尚未正式进入临床应用的细胞治疗方案。

在治疗后长达 21 个月的随访中，由这些细胞衍生而来的人造皮肤完整地贴伏在患儿的身体上，完全像正常皮肤一样，保护这名儿童免受外界感染。

人造血管未来可期

血管是人体中最为重要的器官之一，不但延伸着心脏的功能，也为血液在体内提供了安身立命的场所。伴随年龄的增长和不良饮食习惯的累加，血液中的胆固醇和钙等成分在动脉壁内聚集，导致动脉粥样硬化斑块形成，从而危及血管所在器官或组织的功能。

更换血管，进行移植性治疗是有效的治疗手段。但是传统的拆东墙补西墙方案存在不足，如果能够利用人工合成的血管进行替代治疗，那是再好不过的事了。

目前，这类新型的人造血管已经全面进入多种血管类疾病的临床试验中，相信在不久后一定能够走向市场，造福大众。

人造血管

14　细胞治疗与基因编辑的联姻

豌豆与现代遗传学之父

　　我国有一句俗语：龙生龙，凤生凤，老鼠的儿子会打洞，说的就是遗传。虽然无论国内还是国外，都很早认识到了遗传的强大力量及其对后代的影响，但是第一个深入研究遗传本质的人却是一位"不务正业"的神父——来自奥地利圣托修斯修道院的格雷戈尔·约翰·孟德尔。

　　19世纪中叶，孟德尔在修道院的后院种下了许多不同种类的豌豆，豌豆种子的表皮或光滑或带有褶皱，颜色或黄或绿。通过这些豌豆之间不同代数的杂交，以及细致地记录不同类型豌豆的数目，再经过较为简单的数学计算，他认为这些豌豆的不同性状是有规律可循的，从而发现了遗传定律，并推测可能存在控制性状的具体物质，即遗传因子，而他也因此被称为"现代遗传学之父"。

孟德尔

蛋白质和 DNA，究竟谁才是遗传物质

20 世纪初，孟德尔的遗传规律终于获得科学界认可，摩尔根通过果蝇实验也确定了基因在染色体上。之后人们认识到染色体主要由 DNA 和蛋白质组成，但是这两种物质，谁在担负遗传使命？科学界众说纷纭，蛋白质和 DNA 各自有自己的粉丝和拥趸。

到了 20 世纪 30 年代，科学界进一步认识到 DNA 是由许多脱氧核苷酸聚合而成的生物大分子，但是，由于对 DNA 分子的结构还没有清晰的了解，认为蛋白质是遗传物质的观点仍占主导地位。

美国洛克菲勒研究所的奥斯瓦德·西奥多·艾弗里团队通过精巧的实验设计，将光滑型和粗糙型两种不同类型肺炎链球菌的不同物质进行相互转化，从而将遗传因子锁定在了核酸上，证实了 DNA 是遗传物质。

艾弗里是分子生物学和免疫化学的奠基人之一，也是第一个提出肺炎双球菌的抗原特异性取决于其多糖荚膜的人，颠覆了免疫学的原有认知。他曾两度与诺贝尔奖失之交臂，1945 年，英国皇家学会授予他科普利奖章。

艾弗里

DNA 双螺旋

肺炎球菌转化实验

随心所欲的基因切割技术

为了对 4 种核苷酸重复连接形成的基因进行编辑，尤其是遗传上出现定点错误的核苷酸，生物学家们采用人工方法，精准地识别这个核苷酸所在的位置，先采用剪切的方法，将错误的核苷酸去除，再利用合成的方法添加正确的核苷酸。伴随技术的发展，一共出现了三代不同的基因编辑技术，对核苷酸的识别从随机位置到模糊位置，再提升到精准位点。

第三代的编辑技术以核酸作为向导，替代之前的蛋白质，不但大大降低了操作难度和成本，而且基本可以对基因上任何一个位点进行随心所欲地删除、增加或替换。鉴于该技术具有重要的价值，其发明人埃马纽埃尔·卡彭蒂耶和詹妮弗·杜德娜也因此获得了 2020 年诺贝尔化学奖。

卡彭蒂耶

杜德娜

基因编辑

血友病的治疗新方法

血友病是血液系统的罕见病之一，自出生时即可发病，伴随终身，每年的 4 月 17 日被称为世界血友病日。这类患者一旦发生出血，即便是皮肤表面的轻微剐蹭，都有可能致命。对正常人而言再普通不过的伤口结痂，对他们来说都是天方夜谭，因此，一旦有了出血，如果不及时进行干预，这类患者很可能会因失血过多而死亡。

在公元 12 世纪，这类疾病最好的治疗方法是烫烙法，而现在的有效治疗方案主要是替代治疗，也就是补充凝血因子，但是长期注射凝血因子导致抑制物的出现，也会使该方法逐渐失效。

笼罩欧洲王室的"血诅咒"

在欧洲，最为著名的血友病案例要数以英国维多利亚女王为起始的王室皇族。出生于1819年的亚历山德里娜·维多利亚在18岁成为英国女王，统治英国长达64年。在其统治期间，英国异常繁荣，成为当时的日不落帝国，历史上也将她统治的时期称为维多利亚时代。

当然，她的成功离不开她通过自己的子女所展开的政治联姻，她的9个子女分别与欧洲的多国贵族通婚，又诞有35个孩子，从而使她获得"欧洲祖母"的称谓。然而，她的这一做法在获得政治繁荣的同时，也将当时不为人知的"血诅咒"——血友病散布到欧洲各个王室。

肿瘤细胞的克星——CAR-T

当下最火、为无数癌症患者带来希望的肿瘤免疫细胞疗法，算是该板块最值得骄傲的技术。科学家们为了给免疫细胞增加杀敌装备，利用基因编辑技术为免疫细胞增加了可以高效识别肿瘤细胞的特殊蛋白。

经过改造的免疫细胞中，最著名的便是嵌合抗原受体T细胞，它们如同有双火眼金睛，一旦进入体内，就会有目标地去寻找肿瘤细胞，从而高效且精准地杀死肿瘤细胞，达到治疗肿瘤的目的，这种新颖的免疫细胞治疗方案被称为CAR-T。

不幸而又幸运的小女孩

第一位进行 CAR-T 研发的科学家是来自以色列的泽利格·艾莎尔，1993 年，他利用基因编辑方法对 T 淋巴细胞进行了改造，并尝试增强 T 淋巴细胞对肿瘤细胞的杀伤能力。

美国人史蒂芬·罗森伯格在艾莎尔的帮助之下，于 2010 年报道了第 1 例接受 CAR-T 治疗的病例，该淋巴瘤患者虽然没有得到治愈，但是病情得到了明显的缓解。

2011 年，美国人卡尔·朱恩报道了 1 例基于该方法获得治愈的病例，从而引起整个领域的沸腾，而作为"第一个吃螃蟹"的人，美国小姑娘艾米丽·怀特黑因此死里逃生。她 5 岁时被诊断为急性淋巴细胞白血病，经多方医治无效。机缘巧合下，她接受了免疫细胞疗法和托珠单抗治疗，最终成功地战胜了白血病。

罗森伯格

朱恩

怀特黑

11
Years
cancer
free

15 不安分的肿瘤细胞

HPV：病毒与肿瘤

肿瘤细胞的遗传特性，除了与其自身 DNA 密码发生改变有关外，还有一个重要的外在因素，那就是小到肉眼看不见、常规光学显微镜也无法观察到的病毒。

其中，最知名的案例便是人乳头状瘤病毒（HPV）和宫颈癌。

关于肿瘤的预防性疫苗一直争议不断，最确切的要数接种 HPV 疫苗可以有效预防宫颈癌的发生。这项工作主要归功于德国的哈拉尔德·楚尔·豪森，他和他的团队发现了 HPV 的多个亚型，并证实了该病毒确实能诱发宫颈癌。由于这个原创性发现和贡献，他荣获了 2008 年诺贝尔生理学或医学奖。

豪森

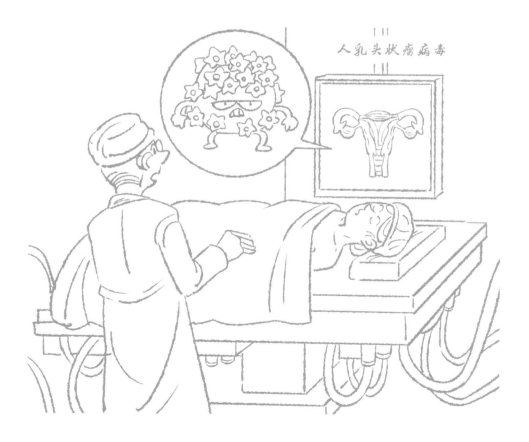

人乳头状瘤病毒

幽门螺杆菌：细菌与肿瘤

说起导致肿瘤细胞产生的环境因素，有一个著名的比喻就是种子与土壤的关系。一粒种子并不是在所有土壤里都会发芽，只有在合适的土壤环境中才会生根发芽。

类似地，一个有了致命 DNA 变异的正常细胞，也不见得都会恶变为肿瘤细胞，它们只有在特定的劣性环境里才会表现出"狰狞"的面目，这也许就是所谓的"近朱者赤，近墨者黑"。澳大利亚的巴里·马歇尔关于幽门螺杆菌导致胃炎与胃癌的研究，便是最好的铁证。

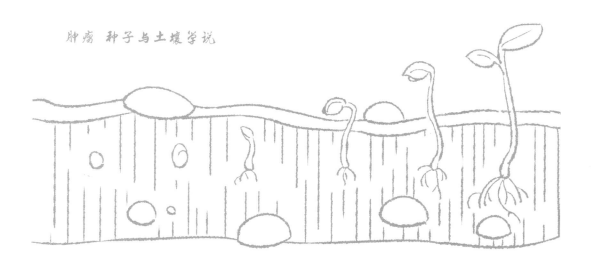

肿瘤 种子与土壤学说

马歇尔

幽门螺杆菌

白血病的分化疗法

　　分化疗法是针对肿瘤治疗的方法之一，在该领域最了不起的学者便是我国科学家王振义院士。从20世纪70年代起，王振义利用全反式维甲酸诱导白血病细胞再次转变为正常细胞，他将该法称为改邪归正疗法。

　　在此之前，美国科学家利用顺式维甲酸诱导白血病细胞分化为正常细胞。王振义偶然发现全反式维甲酸具有更好的分化效果，王振义也因此荣获国家最高科学技术奖。

　　王振义不但在专业领域有所建树，在人才培养方面更是取得了了不起的成绩。他的学生中，一共有3人获得院士称号，分别是陈竺、陈赛娟和陈国强，每一位都在白血病领域取得了骄人的成绩。

王振义

白血病治疗的上海方案

　　他们联合全反式维甲酸和砒霜，将急性早幼粒细胞白血病的治愈率提到了新的水平，把一种绝症变成了可治愈的疾病，而这个全新的治疗方案也被国际同行认可，并称为上海方案。

精准治疗拉开序幕

在国际上第一个实现精准治疗的药物是伊马替尼，其诞生过程可谓充满崎岖坎坷。前几年，国内有一部引起大家广泛共鸣的电影《我不是药神》，说的就是肿瘤特效药伊马替尼在病友中的故事，而关于该药物背后研发者的故事，同样值得大家关注。

诺威　　萝莉　　莱登

贾城

　　如果有人把这个故事拍成电影的话，肯定是一部跨越半个世纪、涉及众多默默无闻贡献者的鸿篇巨制。主要人物有发现费城染色体的彼得·诺威，明确 22 号和 9 号染色体之间异位导致白血病具体发病机制的珍妮特·萝莉以及最终筛选和研发出伊马替尼药物的尼古拉斯·莱登。

伊马替尼

邪恶的肿瘤细胞也有"正义"的一面

既然肿瘤细胞如此令人厌恶，它是不是就完全一无是处了呢？从辩证的观点来说，对于肿瘤细胞无限生长的特性，我们可以物尽其用。

肿瘤细胞的贡献之一便是用于生产单克隆抗体，即把肿瘤细胞与产生抗体的淋巴细胞进行融合，形成一个可以无限分泌单个抗体且无限生长的杂交瘤细胞。杂交瘤技术的产生极大地推动了医学和生命科学的发展，并为多种临床疾病的治疗带来了希望。

实现该技术的尼尔斯·杰恩、塞萨尔·米尔斯坦和乔治斯·吉恩·弗朗茨·科勒尔3人也因此荣获1984年的诺贝尔生理学或医学奖。

米尔斯坦　　　　科勒尔　　　　杰恩

骨髓瘤细胞

b 细胞

杂交瘤

16 肿瘤细胞的永生

永生的海拉细胞

如果问细胞史上最有名的事件有哪些，那是有很多的，但是如果问细胞史上最著名的细胞是什么，那一定非海拉细胞莫属。

海拉细胞不但经常出现在纽约时报等知名媒体平台上，而且还有多本书籍对其进行了专门介绍，其中最具代表性的《永生的海拉细胞》还被拍成电影。

海瑞塔·拉克丝

约翰霍普金斯大学附属医院

　　当然，除了海拉细胞本身的价值以外，人们更关心的是海拉细胞背后的故事以及衍生出来的医学伦理争论。海拉细胞之所以叫海拉，是因为它源自一位名叫海瑞塔·拉克丝的黑人妇女，而其分离和培养者，则是来自约翰·霍普金斯大学附属医院的乔治·盖伊。

盖伊

海拉细胞

海拉家族的艰辛维权之路

　　永生的海拉细胞改变了医学界，改变了科研界，也改变了很多人的命运。巨额的财富伴随海拉细胞一代又一代的扩增，源源不断地流进了企业和资本家的口袋。

　　然而，拉克丝本人以及她的家人却未曾获得一分，他们甚至都不知道拉克丝的细胞还存活在这个世上。当研究人员开始研究海拉细胞的遗传特性，要求拉克丝的子女捐献血液，以便分析其家族遗传史，这层薄薄的窗户纸才被捅破，拉克丝的亲人们开始了艰辛的维权之路。

17 千奇百怪的生物

断尾求生的壁虎

　　壁虎为了躲避追杀，会在关键时刻断开自己的尾巴，离体的尾巴还会一直跳动，吸引天敌的注意力，它们则趁着来之不易的短暂时机迅速逃离。虽然丢失了一根尾巴，但是不用担心，过不了多久，一条新的尾巴又会长出来。为什么壁虎能长出新尾巴呢？又是怎么长出来的呢？这主要归功于它们体内的各类细胞分工明确、相互合作，这一过程中既有免疫细胞，也有肌肉细胞和神经细胞等参与。

　　在缺少尾巴的刺激下，这些细胞会迅速抱团，极速地增殖和生长，并且按照商量好的策略，非常默契地履行各自的职责，该修复肌肉的去修复肌肉，该修复皮肤的去修复皮肤，该修复血管的去修复血管。虽然不能一天完成，但是随着时间的推移，细胞一天天地增多，组织一天天地成型，最终长成一条完整的、崭新的尾巴。

壁虎

心脏能自愈的斑马鱼

有种热带小鱼，体长不过三五厘米，从尾部到头部有着一条条黑色条带，和斑马的花纹极其类似，故名斑马鱼。但是它的尾巴可不会自己断开哦，只有在受到其他动物攻击或者人为损伤的情况下才会断开，而且受损的尾巴通常会重新长出来。

除了尾巴可以再生，斑马鱼还比壁虎多了一项本领，那就是心脏损伤后的修复和再生。如果它们的心脏受到并非即刻毙命的伤害，如同它们的神奇尾巴一样，过一段时间，受损位置周边的心脏细胞又会重新开始生长，填补缺损的心脏组织，从而使斑马鱼躲过致命一劫。

斑马鱼

触手能再生的海星

水生生物中具有再生能力的动物，无论是在能力上，还是在数量上都远远高于陆上生物。相较于前面提到的斑马鱼，海星的再生能力更胜一筹。

作为一个拥有 5 个触角，外形酷似五角星的海中生物，其坚硬且斑点突出的外壳下主要是生殖腺。一旦一个触手丢失，不久之后又会重新生长出一个完整的新触手，而且 5 个触手都具有再生的能力。

可见，看似不堪一击的萌宠小海星其实暗藏小宇宙，天生拥有强大的生存能力。

海星

具有断肢再生能力的蝾螈

蝾螈是生活于山林溪流里的两栖类动物，也是一种低等且具有一定组织再生能力的动物。它们的特异功能主要体现在四肢上，当前肢或后肢被截去之后，残存的部位会形成一团肉糊糊样的组织，紧接着变成一个小肉芽。

可别小看这个肉芽哦，里面可正在发生比壁虎尾巴再生更为复杂的细胞活动。因为需要支撑整个身体的前行，所以四肢中的骨骼是必不可少的，尤其是四肢末端的足具有更为特异的分支形态，这些都为再生带来了更为苛刻的挑战。

而在损伤部位的肉芽内，所有类型的细胞，包括骨骼细胞在内，一边生长，一边互相协作，按照原有的四肢结构，在不同的长短部位精准地构建组织，直至末端足趾完成。

蝾螈

"三头六臂"的涡虫

涡虫其貌不扬，三角形的脑袋上镶嵌着两颗菜籽粒大小的眼睛，扁平且白色的身体只有两三厘米长，最后拖着一个不长不短的小尾巴。当我们对其当头一刀，它们不但不会被劈死，反而在几天之后，被劈成两半的脑袋会分别变成两个完整的头，只是共用了一个身体和尾巴罢了，如同连体婴儿或双头蛇。

而这只是刚刚开始，如果用刀片或剪刀将其从头到尾地剪切成十来段，若干天后，你会发现，每一个被切下来的身段，无论是头部、身体部分，还是尾巴部分，最后统统变成了一条条活生生且完整的涡虫。由此可见，涡虫具有超强的再生能力。

拥有超强再生能力的海绵宝宝

海绵是一种生活在海洋里的生物，幼年时如同随风飘落的柳絮，长大以后真的如同家里洗碗的海绵。它们平时主要通过不断地吸入海水来过滤水中的微生物作为食物。即使一堆海绵在外力作用下被打散成单个的细胞，比碎尸万段还要粉碎，每一个细胞均会主动地聚拢，最终形成一个新的海绵宝宝。

无论你怎么用人为的机械方法去蹂躏它们，哪怕是用匀浆机打成一团糨糊，最后还是会出现一个活泼可爱的海绵宝宝。

这就是拥有地球上迄今所知的最强再生能力的海绵，而它的秘诀就在于特殊的海绵细胞，虽然海绵本身是多细胞生物，但是它的细胞似乎又具有单细胞生物的特性，也就是说每一个细胞都如同一个独立的生命个体。

雌雄不分的单细胞动物草履虫

单细胞生物中最具有代表性的动物当数草履虫。这是一种身体娇小的动物，从头到尾只有几十到几百微米长，相当于 2 ~ 10 根头发丝束在一起的宽度。由于其体形看起来很像鞋底，而且边缘还有很多纤毛突出，如同以前百姓穿的草鞋，因此，在早期的命名中，科学家将其称为草履虫。

因为只有一个细胞，所以草履虫不分雌雄，或者说是雌雄同体。

由于没有四肢，草履虫主要依靠身体周边的纤毛摆动来运动，从而在水中自由地游动。这些小家伙平时主要生活在稻田和小水沟中，也算得上是水中的环境小卫士。

草履虫

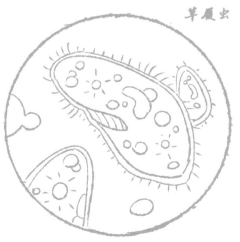

令人闻风丧胆的"食脑虫"

　　食脑虫是一种阿米巴原虫，全身也只有一个细胞，而且形态变化多端，又被称为变形虫。它的个头和草履虫差不多，但是身体透明，肚子里有细胞核和细胞质。它们通常生活在潮湿的土壤、江河湖泊以及死水中，所谓死水则是指长期未消毒使用的游泳池以及自来水管中的水等。

　　对于那些喜欢在野外游泳的人，阿米巴原虫则会通过鼻孔进入体内，由于它具有嗜神经特性，一旦进入体内，就会沿着神经爬到脑组织当中，从而引起严重的神经感染，如果不及时治疗，就会一命呜呼。

水产养殖业的克星——蓝藻

细菌中有一种名为蓝细菌的生物，虽然名为细菌，但更像是藻类，因此又被称为蓝藻。蓝藻的家族成员颇多，个头多为10微米，最大可达70微米，比如颤藻。虽然它们属于单细胞个体，但是有些还是喜欢群居，从而形成群体或丝状体结构，比如念珠藻和项圈藻。

一到夏天，很多水塘、水沟，乃至一些被污染的大江大河都会生成大量的藻类，比如江苏太湖以及云南滇池都曾发生过藻类泛滥的情况，这其中就有蓝藻。

与细菌稍显不同的是，蓝藻细胞壁的外面又多了一层称为鞘的结构，其主要由酸性的糖和果胶等物质组成，对抵抗更加恶劣的外部环境至关重要。蓝藻肚子里有叶绿素和蓝藻素，这也是它们呈现出蓝绿色的原因。

蓝藻

无惧青霉素的支原体

和细菌相似，支原体也是一种没有细胞核的单细胞生物。

支原体的个头和细菌接近，形态虽然以圆形为主，但是它没有细胞壁，只有细胞膜，因此它的体形通常会发生较大的变形，也因此，它的感染能力远远低于细菌，通常喜欢感染人体泌尿和生殖系统的细胞，导致尿道炎和宫颈炎等疾病。

直到 1989 年，支原体才被发现。由于它缺乏细胞壁，专门破坏细胞壁的抗生素如青霉素，对于支原体来说一点杀伤力也没有。但是对付它们，也不是完全没有办法，红霉素、链霉素和四环素等破坏细胞膜及膜上蛋白质的抗生素便能将它们逐个击破。

支原体

美食"博主"——酵母

酵母与我们的生活密切相关，无论是大家爱吃的馒头，还是爱喝的啤酒，都离不开酵母的身影。酵母属于真菌家族，什么是真菌呢？通俗地说就是蘑菇大家庭，其早期的名称也来自拉丁文的蘑菇一词。

当然，这个大家庭成员众多，酵母只是其中一个长相椭圆的分支，分支中还包括霉菌，这里的霉菌就是变质食物中出现的丝状的霉。真菌的细胞膜外具有细胞壁，但是其组成成分不同于细菌的细胞壁，更类似于植物细胞的细胞壁，主要由甲壳质和纤维素构成；它的肚子里不但有细胞核，还有其他常见的细胞器，比如线粒体、内质网和溶酶体等。

虽然真菌具有细胞壁，但由于其成分的单一性，它们很少致病，反而在我们的日常生活中发挥着重要作用，除了刚刚提到的面食和啤酒中的酵母，霉菌也在各种食物制作中大显身手，从四川郫都区（郫县）豆瓣酱到浙江金华火腿，都少不了它们的参与。正是这些真菌，才最终得以形成各种人间珍馐，满足老饕们的味蕾。

酵母

18 植物细胞也疯狂

植物细胞长什么样

    植物细胞和动物细胞之间没有太大的区别，无论是细胞膜，还是细胞质、细胞核和细胞器，基本都比较类似，最大的区别在于植物细胞在细胞膜外多了一层细胞壁。其实，胡克所观察到的细胞结构就是这些细胞壁结构。

    细胞壁如同铜墙铁壁一般，可以牢牢地将细胞固定在一个位置，限制细胞的移动，这也算是动物细胞和植物细胞的主要特征差异之一。

细胞排列　　　　　　　　细胞壁液泡　　　　　　　气孔

变废为宝的叶绿体

　　植物细胞有别于动物细胞的另一个重要特征是其含有叶绿体，因而叶片呈现出绿色。

　　作为细胞质内最重要的细胞器之一，叶绿体的主要功能就是进行光合作用，将光变成细胞可以利用的能量，同时将水和空气中的二氧化碳转变为植物细胞生长所需的营养物质，并释放出氧气。

维尔斯箭

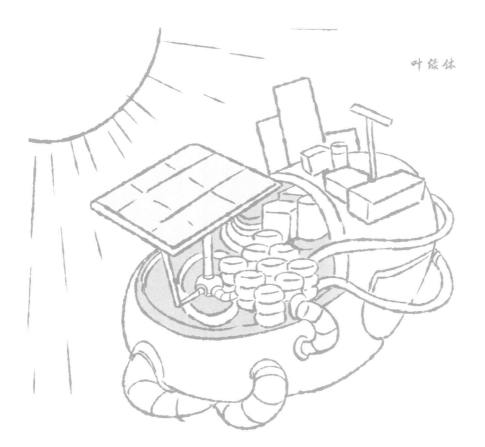

叶绿体

　　而发现叶绿体中发挥重要作用的叶绿素，并确定它们结构和功能的人，则分别是理查德·维尔斯特、汉斯·费舍尔和梅尔文·卡尔文。

光能转变为 ATP 的秘密

　　植物细胞是如何将光转变为能量物质 ATP 的，这一发现离不开美国人丹尼尔·阿农，能量的产生过程类似于动物细胞中线粒体的氧化磷酸化过程，因此也称为光合磷酸化。

阿农

迪森霍夫

胡伯

米歇尔

而真正彻底揭开光合作用谜底的则是约翰·迪森霍夫、罗伯特·胡伯和哈特穆特·米歇尔。他们三人合作，对细菌中光合作用反应核心蛋白质复合体的三维空间结构进行了解析，并因此共同获得1988年的诺贝尔化学奖。

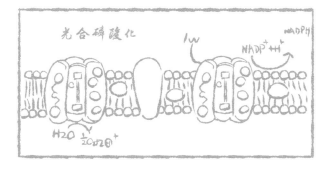

海蛞蝓：猜猜我是植物还是动物

我们刚刚提到，动物细胞区别于植物细胞的重要特征之一便是没有叶绿体。然而，事情总有例外，有一种名叫海蛞蝓的动物，其体内的细胞中也含有叶绿体，因此，如同植物一样，它们光晒晒太阳，就能吃饱喝足。

在这些海蛞蝓中，有一种绿叶海蛞蝓，在摄入海藻后不但能够变色，而且能够将海藻中的叶绿体也整合到自己的细胞里，并为其所用。在其他食物短缺的时候，它们只要依赖这些叶绿体，然后找个地方晒太阳，就不会饿死。

当然，它的神奇之处并不是将植物细胞中的叶绿体直接吞入自身的细胞里，而是盗取了绿藻的特殊基因，并将其与自身的基因进行融合，最后重新合成叶绿体和叶绿素所需的元件。

藻类海蛞蝓

绿叶海蛞蝓

现代化的植物工厂

　　植物细胞的获得和处理相对简单，不需要将植物组织进行酶消化处理，只需要用剪刀或刀片将植物的根茎或受伤时产生的容易长出新枝条的组织（专业的称呼为愈伤组织）切成小块即可，然后将一个个小块直接放置在含有固体培养基的瓶子内即算完工。

　　为了防止污染，研究人员会在瓶口套上透明或半透明的塑料薄膜，并用橡皮筋或绳子扎好。下一步就是把这些含有植物细胞克隆的宝贝放在灯下，静待这些植物细胞在瓶内生根发芽，这便是未来可期的植物工厂。

植物工厂

19 细胞的未来畅想

人造器官不是梦

　　科学家们已经开始在猴子或猪的胚胎发育早期加入人源细胞，从而获得具有人细胞嵌合体的猴或猪，在某种程度上，这属于异种杂交。

　　如果能够将动物体内的某个器官和组织的细胞全部替换为人类细胞，那么以动物为生物反应器生产器官，用于人类移植，绝对不是梦。

　　除此以外，也有科学家在尝试直接将动物体内容易导致人类免疫排斥的基因进行删除或改造，获得可以直接移植给人类的动物器官，从而实现异种移植的梦想。

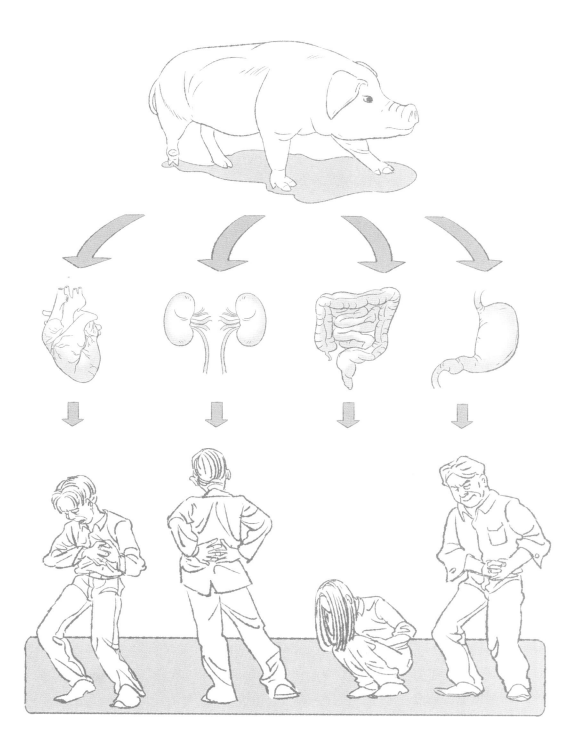

未来女性不用怀孕啦

我们有理由相信，在未来的社会中，完全可以不依赖于天然的精子、卵子和人类子宫进行后代的延续。对有生殖缺陷的人类，可以选择通过皮肤或血细胞等途径获得人造精子和卵子，在完成体外人工授精后，进一步利用工厂化的人造子宫进行孕育，直至婴儿诞生。

这听起来非常不可思议，尤其是在法律、伦理等方面存在巨大的挑战，但是从现有理论水平和技术发展趋势来看，这一切都具有极强的可行性。

虚拟细胞的新世界

早在十几年前，已经有研究人员尝试利用计算机来模拟一个细胞的全部功能，从而建立虚拟细胞。

简单点说，这类细胞虽然不能进行实际意义上的治疗应用，但是完全可以进行针对细胞的各种实验，例如某种药物对某类细胞是否有毒性，是促进细胞的生长还是抑制细胞的生长等，都可以在虚拟细胞上进行操作。而这一切，只需要一台电脑或者一部连接网络的手机就可以完成。

虚拟细胞

比"云计算"更强的细胞计算

我们知道电脑的计算法则依赖于 0 和 1 两个数字的反复和组合，而细胞中的遗传物质主要由 A、T、C 和 G4 个字母所代表的 4 种物质反复和组合。从数学的角度来说，第二种组合的复杂度要远远高于第一种，完全可以用后者的组合来模拟前者。

这样，就可以将 0 和 1 组合的代码转变成 ATCG 代码，并采用常规的 DNA 序列合成技术合成需要的序列，如果需要读取这类资料，则采用测序技术进行解读。利用细胞中的遗传物质进行电脑信息的保存，不但可以利用极少的细胞来保存浩如烟海的数据，而且还可以通过细胞的复制和冻存，对这些数据进行更好地传播的保护。

当利用细胞来随意存储数据得以实现，那么下一步应该是利用细胞内各种高速且有序的化学反应和生物反应来进行计算处理了，尤其值得一提的是，电脑快速运算时产生的热对细胞来说根本就不必担心，可谓是细胞计算的优势之一。

细胞计算机

20　不可或缺的显微镜

无法考证的显微镜发明人

工欲善其事，必先利其器，科学的进步离不开技术的发展。正如本书开头介绍的细胞的发现，如果没有显微镜的发明，细胞作为动植物机体中最为重要的单元，可能会永远沉寂于人类的视野之外。

但是，对于显微镜的第一发明人，历史上并无准确的记载。来自荷兰的眼镜商人扎查里亚斯·詹森被认为是最有可能发明复合显微镜的人。

詹森

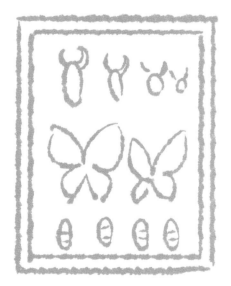

显微镜成像原理及改进

　　显微镜的产生和发展最为关键的技术在于对光线及其成像原理的认识。虽然早期的显微镜已经能够对微观物体进行放大，无论是起初的几倍放大，还是后期的几十倍放大，都是依赖于单个凸透镜的结果，因此它们也被称为单镜片显微镜。

　　这种显微镜的好处在于简单易制作，同时也面临放大倍数有限以及成像模糊的问题。为了解决这些问题，后来出现了复式显微镜，即把多个镜片叠加，利用一个凸透镜将前面一个凸透镜形成的图像进一步放大。

　　但与此同时，又出现了新的问题，即不同透镜之间存在球面相差，严重影响成像效果。这一问题自复式显微镜出现之后的一个多世纪一直困扰着大家，直至一位业余显微镜爱好者约瑟夫·杰克森·李斯特精确地调整了复式显微镜中每个镜片间的距离，才得以显著改善。

李斯特

小镜片成就的大巨头

在显微镜领域，有一个如雷贯耳的名字，那就是卡尔·蔡司。卡尔蔡司既是一个品牌，也是公司的名称，又是人的姓名，前者为后者所创建。他与恩斯特·阿贝、奥拓·肖特一起改写了显微镜的发展历史。

阿贝不但在商业上取得了巨大的成就，在科学上的贡献也不可磨灭，最为重要的发现当数阿贝极限理论，即显微镜分辨极限公式。

肖特则通过在玻璃中添加不同元素，改进其光学特性，大大提升了显微镜的性能。

蔡司　　　阿贝　　　肖特

缝隙超倍显微镜

　　理查德·席格蒙迪早年的工作主要集中于玻璃或者陶瓷表面的色彩研究，因此，他曾和肖特产生过交集，并受雇于后者所在的另一个公司，直至 20 世纪初才离开。

　　也正是在这段时间，他开始琢磨胶体的化学性质，后来他不仅因此荣获诺贝尔化学奖，而且将胶体准备技术应用于显微镜样本的制备，从而促进了缝隙超倍显微镜的问世。

席格蒙迪

独特的相位差显微镜

相位差显微镜的独特之处在于利用样品的相位改变，产生光的相互干涉，从而能够清晰地观察到细胞轮廓和内部结构。如果用普通显微镜观察细胞，必须在染色后细胞才能成像。

而该诺贝尔奖成果的发明人则是光学领域大名鼎鼎的弗里茨·泽尼克，虽然他名气很大，但是他早期想根据自己的光线相差研究理论进一步研发新型显微镜时，蔡司公司却对其嗤之以鼻。

直至 10 年之后，在他人的资助下，他的想法才得以实现，并在日后得到了广泛的认可和应用。

泽尼克

突破阿贝极限的电子扫描显微镜

显微镜的诞生和发展，虽然一代比一代更先进，但是总的科学逻辑还是基于光线的运用。在可见光的范围内，随着光的波长逐渐减小，放大倍数是逐渐增加的，但是根据阿贝极限理论，当达到可见光波长极限时，放大的倍数也达到了极限。

而此时，其他物理学家对声光电磁的研究已经深入到了其本质，陆陆续续提出了多个理论，包括光的波粒二象性以及电磁转化等。

如果想要再次提高显微镜的放大倍数，则必须进一步缩短照射光线的波长，基于这些研究进展和理论，大家想到了电子，其波长远远小于可见光中的任何一种光。

由此，在马克斯·诺尔和恩斯特·鲁斯卡等人的努力下，世界上第一台电子显微镜在1931年建成。此外，格德·宾尼格和海因里希·罗勒发明了第一台电子扫描显微镜。

诺尔

鲁斯卡

宾尼格

罗勒

电子显微镜

一生研究一滴水——冷冻电子显微镜

电子显微镜自从诞生之日起，便注定改变人类科学的进程，同时也引无数英雄为其竞折腰。由于电子显微镜的构造复杂，涉及众多的干扰因素，哪怕是小小的一滴水也会使物品的成像和放大性能产生质的改变。

在这一领域中，来自瑞士的雅克·杜博切特便穷其一生研究这么一滴水，使传统电子显微镜的性能又向上飞跃了一个层级。

他进一步与约阿希姆·弗兰克和理查德·亨德森合作，研发了冷冻电子显微镜，三人也因此共同荣获 2017 年诺贝尔化学奖。

杜博切特

布兰克

亨德森

超分辨率荧光显微镜的诞生

　　虽说电子显微镜的性能远远超过了光学显微镜，但是它们各有各的优点。很多时候，光学显微镜的应用还是无法被替代，其应用场景在现代生物医学研究中无处不在。

　　因此，基于光学显微镜本身的迭代和研究还在持续不断地进行着。阿贝极限理论的提出虽然在一定程度上为显微镜的发展指引了方向，催生了电子显微镜的发明，但是同时也禁锢了人们的思维。

　　该理论统治了一个多世纪之后才被埃里克·贝齐格、斯特凡·黑尔和威廉·莫纳等人打破，在可见光的范围之内，显微镜的分辨率逼近了电子显微镜水平，从而诞生了超分辨率荧光显微镜，三人因此获得 2014 年诺贝尔化学奖。

贝齐格　　黑尔　　莫纳